好味吃不够

吃不够的下饭菜

主编·甘智荣

黑龙江出版集团
黑龙江科学技术出版社

图书在版编目（CIP）数据

吃不够的下饭菜 / 甘智荣主编. -- 哈尔滨 : 黑龙江科学技术出版社, 2016.9
ISBN 978-7-5388-8882-9

Ⅰ. ①吃… Ⅱ. ①甘… Ⅲ. ①菜谱 Ⅳ. ①TS972.12

中国版本图书馆CIP数据核字(2016)第167009号

吃不够的下饭菜

CHIBUGOU DE XIAFANCAI

主　　编　甘智荣
责任编辑　侯文妍
摄影摄像　深圳市金版文化发展股份有限公司
策划编辑　深圳市金版文化发展股份有限公司
封面设计　金版文化·郑欣媚
出　　版　黑龙江科学技术出版社
　　　　　地址：哈尔滨市南岗区建设街41号　邮编：150001
　　　　　电话：（0451）53642106　传真：（0451）53642143
　　　　　网址：www.lkcbs.cn　www.lkpub.cn
发　　行　全国新华书店
印　　刷　深圳市雅佳图印刷有限公司
开　　本　723 mm×1020 mm　1/16
印　　张　10.5
字　　数　150 千字
版　　次　2016年9月第1版
印　　次　2016年9月第1次印刷
书　　号　ISBN 978-7-5388-8882-9
定　　价　29.80元

PREFACE

前言

用心做好菜，下饭又暖心

在电影《美味关系》里有这样一段话：“我为什么热爱烹调？当庸碌的一天快要结束时，我没能掌控任何事情。但我回到家中的厨房，就能万分确信，如果把面粉、蛋黄、巧克力、糖和牛奶混合，将得到浓稠的面糊。这真是一种无上的享受。”

诚然，世上有很多事情是无法掌握的，也许你昨天下定决心做的事，今天做得也并没有预期那般好。

你不知道今天会发生什么变故，你不知道意外和惊喜谁先到，也不知道它们会不会出现，你能把握的、能实实在在感受到的，是厨房中那踏实而温暖的美食，那一道道让你和家人忘却烦恼、大口吃饭的朴实下饭菜。

日常生活中，每一个人，每一件事，每一道下饭菜，如果能关乎心，便有了特殊的味道。

可能面对下厨，很多人会说，没有时间，工作繁忙，其实，这只是一个亏待自己和家人的借口。

亦舒这样说过爱情“一个人走不开，不过因为他不想走开；一个人失约，乃因他不想赴约”，用在我们对待每一餐的态度上也是如此。

不管是处于甜蜜恋爱期的情侣，是幸福满满的新手夫妻，还是希望孩子健康成长的好妈妈、好爸爸，亦或是时尚忙碌的单身上班族，相信都会希望家人和自己吃到心意满满的饭菜，吃到开胃又开心的佳肴。

本书就是一本看了之后，会让人食欲大开的书。

当你不知道做什么菜的时候，可以翻一翻；没有胃口的时候，更应该翻一翻。

书中有贴心的烹饪技巧分享，也有食材处理清洗的大小事，更有各种辣椒酱的制作方法，让你的菜肴看着就食欲大开，尝一口就停不下来。

在菜肴的选择上，本书从下饭菜的特点出发，分享了麻辣菜肴、喷香肉菜、鲜美鱼虾、细碎菜，以及方便佐餐的腌渍小菜，样样菜肴皆能唤醒家人的好胃口。

而你所需要的只是一点点时间，

选购食材、洗洗切切、烹煮、调味……

再佐以一点点小心思，

就能为自己和家人奉上开胃又下饭的暖心美味。

目录

本书部分菜例附赠二维码视频
扫扫看视频同步学

厨房课堂开课了

再辣再麻筷不停

CHAPTER 03

就是好这一口肉

CHAPTER 04

极致鲜味搬上桌

CHAPTER 05

越是碎就越入味

CHAPTER 06

腌渍小菜最开胃

CHAPTER 01

厨房课堂开课了

每一次下厨前都十分烦恼，
如何一眼看出食材的用量？
如何去除肉的腥味？河鲜、海鲜如何清洗？
怎样做菜更有滋味？
走进厨房课堂，你的这些烦恼就迎刃而解了！

下饭菜第 1 课
THE FIRST LESSON

特色香料，为菜加分

厨房的香料可以说是五花八门，有香甜的、辛辣的，也有咸酥的、微酸的。在烹调或烘焙过程中，这些香料有着画龙点睛的作用，为食材增添了色彩，赋予每一道佳肴妙不可言的好滋味。

八角

八角又名八角茴香、大茴香、唛角，是制作冷菜及炖、焖菜肴中不可少的调味品。

桂皮

桂皮又称肉桂、官桂或香桂，香气馥郁，常用于烹调腥味较重的原料，可使肉类菜肴祛腥解腻，增加菜肴的芬芳，令人食欲大增。

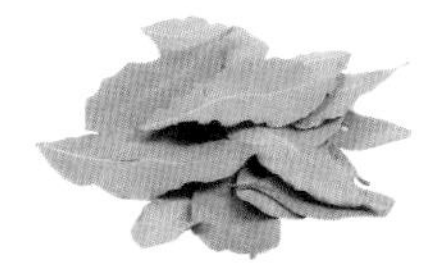

香叶

香叶又名玉桂叶，是由玉桂树的树叶干制而成的，叶片卵圆，气味芬芳。香叶香气浓烈，用量不宜过大，适合在烹制牛肉时使用。

陈皮

陈皮是柑橘的果皮经干制陈化而成的，手感干硬。它可以起到去除鱼、肉腥气，增香开胃的作用。

小茴香

小茴香香气浓郁，一般使用其叶部与种子，可用来烹饪肉类或鱼类的菜肴，能够除去肉中腥臭，适合与牛、羊肉和禽类同煮。

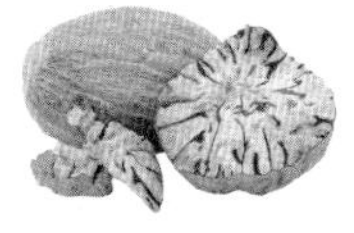

肉豆蔻

肉豆蔻又名肉蔻、肉果，表皮有细纹，灰褐色，有强烈的香气，可用于搭配鲜奶、水果、蔬菜来食用，尤其适合烧、卤肉类时添加。

下饭菜第2课
THE SECOND LESSON

如何自制各种辣椒酱

作为一个无辣不欢的美食爱好者，最不能拒绝的就是各种辣椒酱了。红辣椒、蒜末、花椒等，把辣味道演绎得淋漓尽致。那么如何自制这些迷人的红色酱料呢，下面为你列举最常见的3种辣椒酱的制作方法。

1 油泼辣子

这道油泼辣子制作完成后应冷藏保存。

材料：干辣椒40克，花生碎5克，花椒6克，白芝麻少许，食用油适量

做法：1.搅拌杯中放入干辣椒、花椒，搅成辣子碎末，装碗。2.加入白芝麻、花生碎，拌匀。3.热锅注油烧热，浇入辣子中即可。

2 蒜蓉辣椒酱

甜面酱可以用黄豆酱或大酱代替。

原料：红辣椒500克，蒜泥25克，洋葱泥80克，盐、鸡粉、甜面酱、白糖各适量

做法：1.红辣椒切段，加少量水，绞碎成泥，与蒜泥、洋葱泥拌匀。3.加入甜面酱，搅匀后开火熬煮，再加入盐、鸡粉、白糖，搅拌片刻关火即可。

3 贵州辣椒酱

芝麻可事先炒熟，味道会更香。

原料：干辣椒30克，白芝麻8克，食用油适量

做法：1.将干辣椒磨成粉，加入白芝麻，注入适量清水，拌匀。2.热锅注入食用油，烧至八成热，将烧好的热油浇在食材上，拌匀即可。

下饭菜第3课
THE THIRD LESSON

如何去除肉的腥味？

我们都知道，猪肉、羊肉、鸡肉等都有腥味。如果在做菜的时候不能很好地去腥，菜肴的口感肯定会大打折扣。那么，怎么更好地去腥呢？其实，总结起来主要有三个方法。

酸碱中和去腥法

肉类食材含有大量蛋白质、氨基酸等物质，与环境作用，会产生具有腥味的碱性物质，在烹调时添加适量食醋、番茄酱、苹果醋、柠檬汁中和，就可使腥臭味大为减弱。

酒类去腥法

有些沸点低而不呈碱性的腥味物质，需要用到含有酒精的物质，例如料酒等去除。或是在烹饪前加料酒腌渍去除异味，或者是在加热过程中加入料酒，让其与有机酸结合生成酯类，去腥增香。

香料去腥法

香料去腥法在烹饪过程中用得比较多。我们常用的香料有桂皮、八角、小茴香、丁香、草果、豆蔻、香叶、花椒、陈皮、杏仁、沙姜、甘草、罗汉果、白芷等。

下饭菜第4课 THE FOURTH LESSON ／ 怎样吃肉不长肉？

很多爱美的人士认为吃肉会长胖，因此拒绝吃肉。这是一种偏激的做法，并不可取。事实上，吃肉不一定会长胖，关键是要讲究方法，这样才能在享受美味的同时还不发胖。

● 烹饪方法很重要

蒸是最适合的烹饪方式。蒸的方式不仅少油，而且还会比红烧的做法少用很多糖。

● 要减少烹饪时间

在肉类烹饪上，时间越长，就意味着使用的调料会越多。所以，应尽量少吃炖入味的肉，而改吃浇汁入味的肉菜。

● 多吃白肉，少吃红肉

减肥期间吃肉，低脂、高蛋白的禽肉是首选。因为即使再瘦的猪肉、牛肉里也会隐藏很多脂肪，而禽肉只要选对部位，就可以几乎不摄入脂肪。

● 吃对部位很重要

同样的肉，不同的部位，脂肪含量不一样。比如，鸡翅尖主要构成是鸡皮和脂肪，所以热量就比鸡胸肉高。所以，要选择合适的部位烹饪。

● 吃小肉不吃大肉

也就是尽量把肉切成肉片或肉条，和其他蔬菜一起烹饪，而不是吃单纯的炖排骨、烤鸭。避免“大块吃肉”，这样一来，能起到克制作用。

● 尽量选购低脂肉类

在购买肉类时，可以选择饱和脂肪酸较少的鸡胸肉及鱼类，少买五花肉、香肠等脂肪多的肉类。

下饭菜第5课
THE FIFTH LESSON

麻烦海鲜的清洗方法

鱼、虾、蟹等水产品非常营养美味，做菜肴的时候不仅要求干净卫生，而且漂亮的外观也是十分必要的。但是由于日常工作繁忙，为图方便，人们往往在买海鲜的时候就让人帮忙处理好了，结果是自己处理的时候就不知道如何下手了。下面就教你如何处理这种"麻烦"的食材。

如何处理鱼？

从市场上买回的鱼，如果未经店铺处理，可自己采取剖腹清洗法处理。

①用刀将鱼鳞刮除，将鱼鳞冲洗干净。

②把鳃丝挖出来。

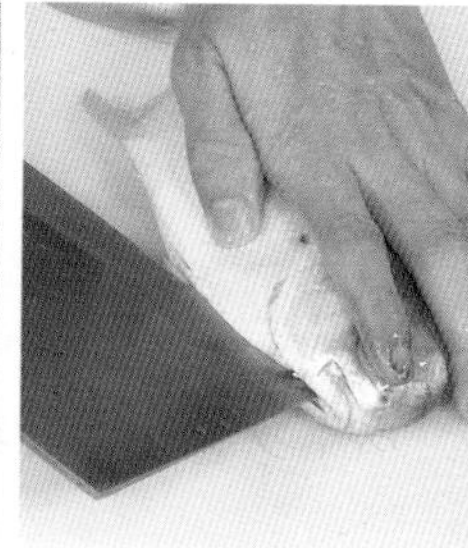

③剖开鱼腹，掏空内脏，去除黑膜。

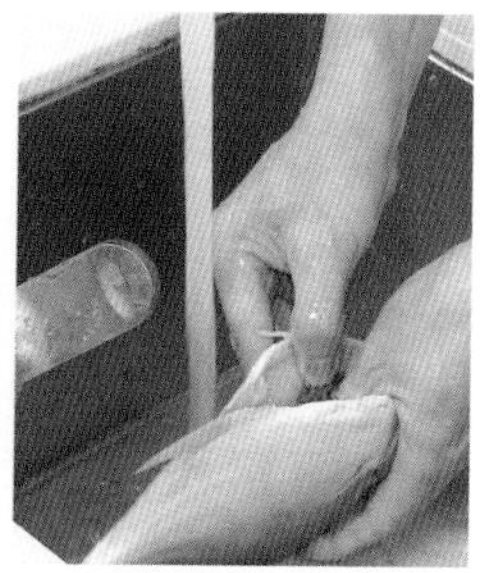

④用流水将鱼冲洗干净即可。

虾怎么处理？

从市场上买回的虾，如果未经店铺处理，可自己采取牙签去肠清洗法处理。

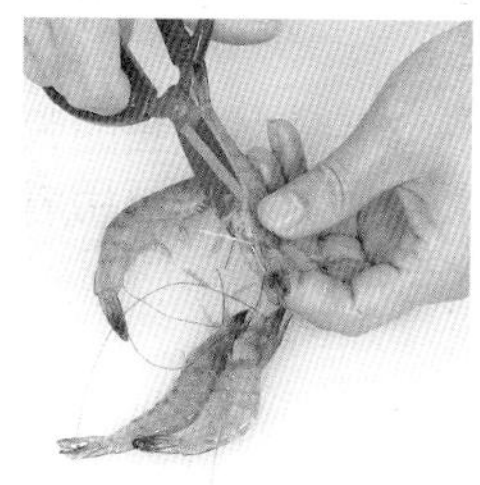

①用剪刀剪去虾须、虾脚、虾尾尖。

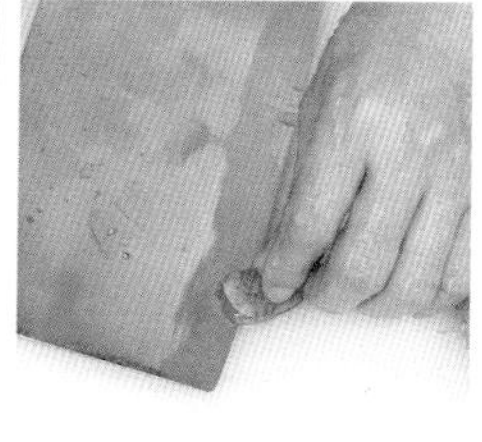

②在虾背部开一刀。

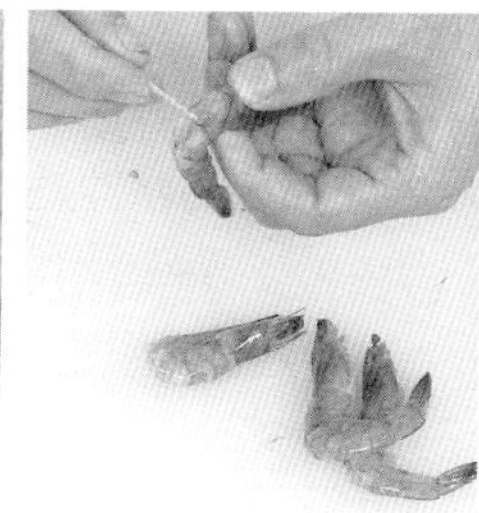

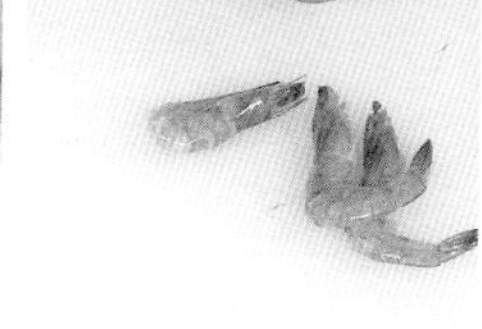

③用牙签挑出虾线。

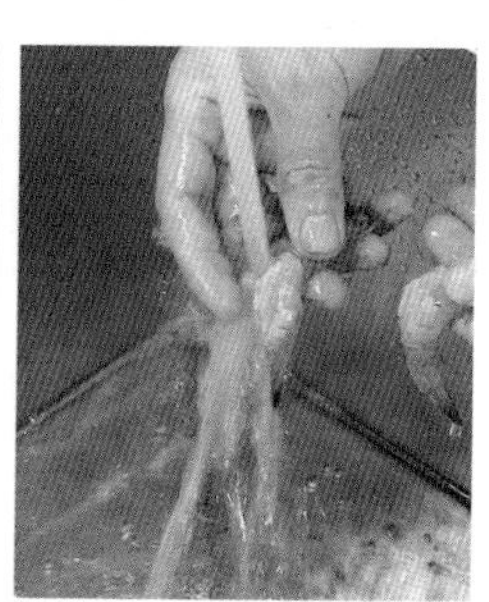

④把虾放在流水下冲洗，沥干水分即可。

如何处理螃蟹?

从市场上买回的蟹，如果未经店铺处理，可自己采取开壳清洗法处理。

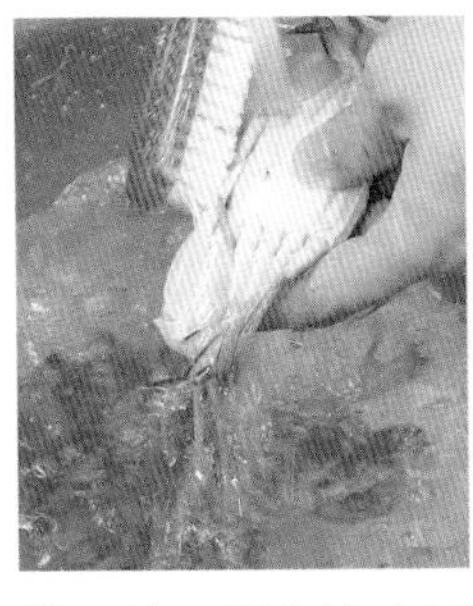
①用软毛刷在流水下刷洗蟹壳。

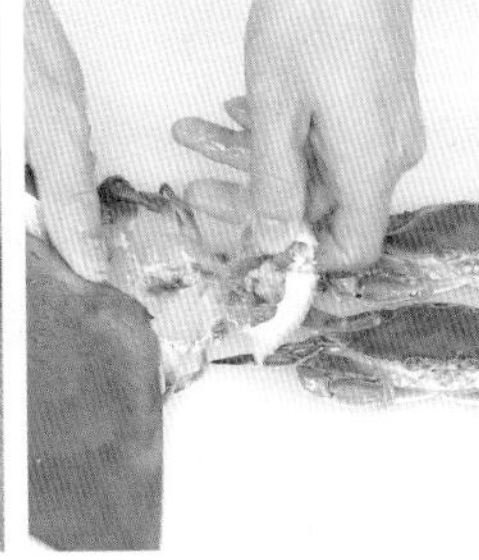
②用刀将蟹壳打开，刮除蟹壳及蟹肉上的脏物。

③把去除脏物的蟹放在水中泡一下。

④将蟹清洗干净，捞出沥干水分即可。

如何处理鱿鱼?

从市场买回的新鲜的鱿鱼，要处理干净以便烹饪，可按以下步骤进行清理。

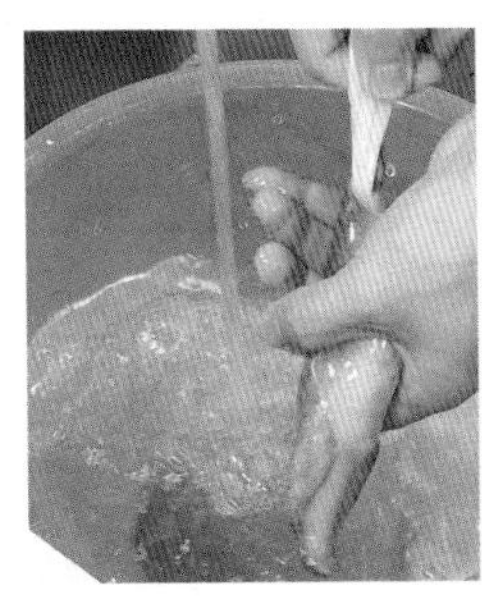
①鱿鱼用清水洗净，取出软骨。

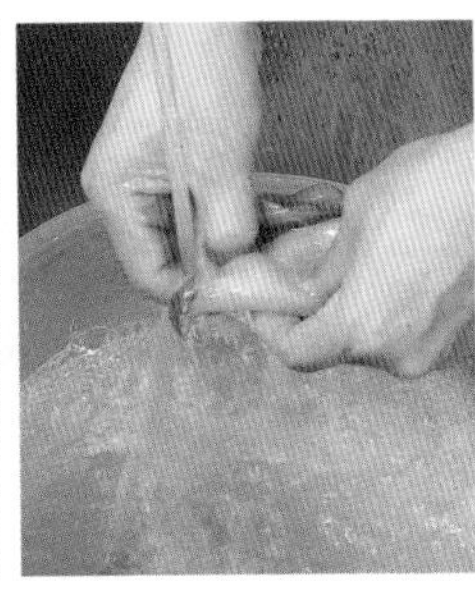
②剥开鱿鱼的外皮，取肉后，用清水冲洗干净。

③清理鱿鱼的头部，剪去鱿鱼的内脏。

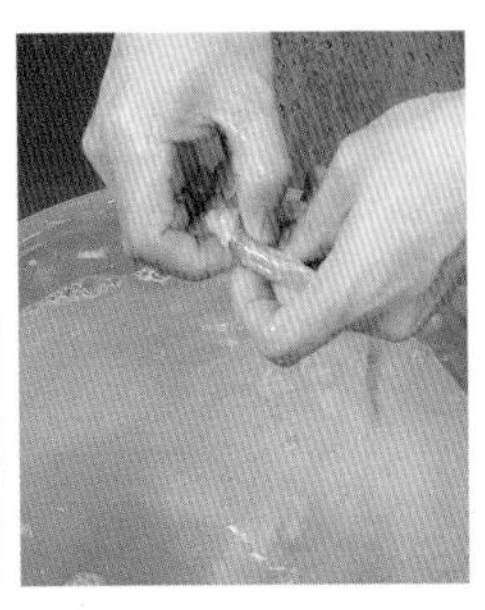
④最后去掉鱿鱼的眼睛以及外皮，再用清水冲洗干净，沥干。

下饭菜第6课 THE SIXTH LESSON

切块、切丝、切丁，看我刀法七十二变

一道下饭菜在端上餐桌前，往往要经过对食材的精细处理这个过程。而处理的时候，菜切得越碎，食材包裹的汁越多，菜肴也就越入味。所以，烹饪下饭菜的时候，都会选择切成小块、丝，或者丁。

切块

①**长方块：**形状如骨牌又叫骨牌块。一般认为，长方块厚为0.8厘米，宽1.6厘米，长5~8厘米，呈长方形。

②**滚刀块：**这种块是用滚刀法加工而成的形状。先将原料的一头斜切一刀，滚动一下再切一刀，这样切出来的块叫滚刀块。

③**劈柴块：**形似劈柴。这种形状多用于茭白、黄瓜等原料。例如，拌黄瓜时黄瓜一刀切开两瓣，再拍松片成劈材块，其长短薄厚不一，就像旧时做饭劈的柴一样。

切丝

①**阶梯式：**把片与片叠起来，排成斜坡，呈阶梯状，由前到后依次切下去，这种方法应用广泛。

②**卷筒式：**将原料一片一卷叠成圆筒形状，这种叠法适用于片形较大、较薄，有韧性的原料，例如豆腐皮、蛋皮、海带等。

其他

①**丁：**大丁为1.5~2.0厘米见方，小丁1.1~1.4厘米见方。

②**粒：**仅小于碎丁。大粒0.6厘米左右，小粒0.4厘米左右。

③**米：**是将原料切细丝，再切成如小米大小，均匀的细粒，约0.3厘米见方。

④**末：**是剁碎的原料，例如肉末、姜末、蒜末等。

⑤**蓉：**肉类原料中多指剁后的馅料再用刀背砸成泥状。

下 饭 菜 第 7 课
THE SEVENTH LESSON

如何一眼看出食材的用量

刚开始照着菜谱学做菜的人，常常会头疼一个问题，那就是缺少了各种各样的量具，菜谱上说的多少克究竟是多少，根本无法掌控。为了解决厨房里各种需要称量的难题，可以学习以下估算方法。

凭借经验估算

凭经验估算方便实用，虽然存在误差，却不会太大。但是这是一个积累经验的过程，比如，称量100克面粉或大米，装在碗内，看看是多少；称量50克或100克瘦肉，看看多大一块，等等。经过多次练习后，就有了较为准确的数量概念，以后就可以照此估算了。

名称	大概重量	实物比对
米饭	100克	一个成年男性拳头大小
瘦肉	50克	一个乒乓球大小
茎叶类蔬菜	250克（1把）	约15根筷子粗细
盐	4克	啤酒瓶盖平平地装满
食用油	10毫升	普通汤匙2勺

记住一些常见食材重量

还有一个方法，那就是记住一些常见食材的重量，以此来推断所需食材量。这个方法更加方便，实用性也很强。

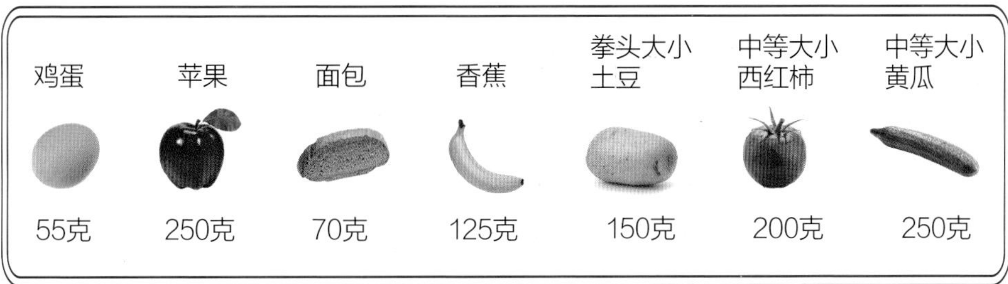

下饭菜第8课
THE EIGHTH LESSON

腌渍泡菜常用到的调料

想制作风味不同的美味泡菜，除了变换原料，当然少不了配料的帮忙。一般来说，泡菜常用的配料包括盐、糖、酱油、醋、茴香、花椒、胡椒等。当然配料也可以根据不同的口味添加，北京人喜欢荤味，可加些花椒、大蒜；四川、湖南等地人喜辣，可稍加些辣椒。

糖

糖是制作泡菜过程中不可缺少的调味品之一。常用的有白糖和红糖。在泡制过程中，糖通过扩散的作用渗入腌渍原料组织内部，使微生物产生脱水作用，所以糖既可以起到脱水的作用，又可以起到调剂口味的作用。

醋

醋除含有醋酸外，还含有其他挥发性和不挥发性的有机酸，具有相当强的防腐能力，在第一次使用的泡菜汁中，加入适量醋，可抑制发酵初期有害微生物的繁殖，使乳酸发酵正常进行。

大蒜

大蒜在蔬菜腌渍过程中也具有广泛的用途。大蒜既可以作为主体原料，又可作为辅料添加到腌制品中去。大蒜具有很强的杀菌能力，因而可以作为蔬菜腌渍中的防腐剂和调味品。

盐水

盐水作为泡菜的主要调味料，在泡菜家族中占据着重要的地位。盐水配制的成功与否直接影响着泡菜成品的质量，因此，盐水的品质是不容忽视的。

辣椒、生姜

辣椒和生姜都含有芳香油，芳香油中有些成分具有一定的杀菌能力和防腐作用。生姜在嫩芽或老的茎中都含有2%左右的香精油，其中姜酮和姜酚是辛辣味的主要成分，具有一定的防腐作用。

CHAPTER 02

再辣再麻筷不停

没有辣椒，怎么能吃得下饭呢？
对于无辣不欢的人来说，
秒杀米饭的秘密武器，当然非辣椒莫属了！
当辣椒进入嘴巴的那一刻，味蕾就被激活了，
就算辣得直咧嘴也停不下来！

红油拌滑子菇

3分钟　1人份

材料

滑子菇	150克
香菜	少许

调料

盐	2克
鸡粉	2克
红油	适量
橄榄油	适量

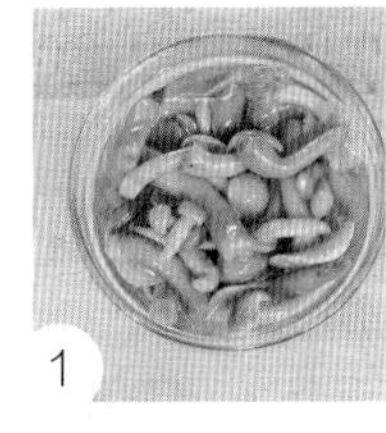
1

2

做法

① 将滑子菇倒入清水中，洗净。

② 锅中注入清水烧开，放入滑子菇，拌匀，加入部分盐，搅拌均匀。

③ 焯水片刻，捞出，沥干水分，倒入清水中，过凉水。

④ 将滑子菇倒入备好的碗中，加入鸡粉、余下的盐拌匀。

⑤ 淋入红油、橄榄油，拌匀，点缀上香菜即可。

3

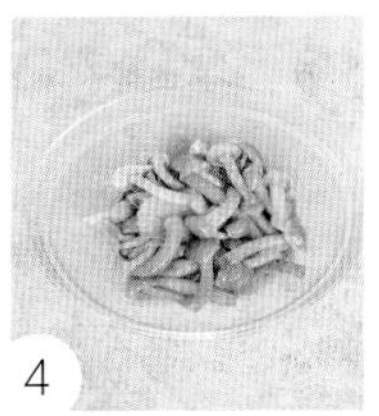
4

Tips　滑子菇是一种较好的减肥美容食品。它含有大量膳食纤维，具有防止便秘、促进排毒、预防糖尿病及大肠癌的作用。

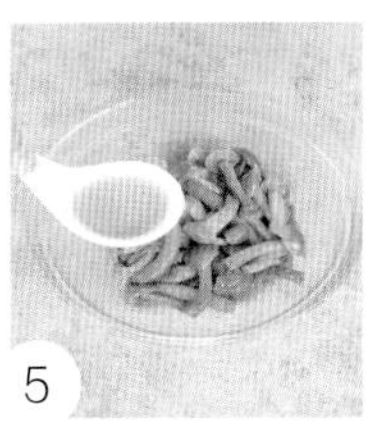
5

野山椒杏鲍菇

4小时

1人份

材料

杏鲍菇	120克
野山椒	30克
尖椒	2个
葱丝	少许

调料

盐	2克
白糖	2克
鸡粉	3克
陈醋	适量
料酒	适量
食用油	适量

做法

① 洗净的杏鲍菇切片；洗好的尖椒切小圈；野山椒剁碎。

② 锅中注入清水烧开，倒入杏鲍菇，淋入料酒，煮片刻，盛出，放入凉水中冷却。

③ 倒出清水，加入野山椒、尖椒、部分葱丝、盐、鸡粉、陈醋、白糖、食用油拌匀，用保鲜膜密封好，放入冰箱冷藏4小时。

④ 取出冷藏好的杏鲍菇，撕去保鲜膜，将杏鲍菇倒入盘中，放上余下的葱丝即可。

川味酸辣黄瓜条

2分钟

1人份

材料

黄瓜	150克
红椒	40克
泡椒	15克
花椒	3克
姜片	少许
蒜末	少许
葱段	少许

调料

盐	2克
白糖	3克
辣椒油	3毫升
白醋	4毫升
食用油	适量

做法

① 洗好的黄瓜切成条；洗净的红椒切开，去籽，改切成丝；泡椒去蒂，切开待用。

② 锅中注入清水烧开，加入少许食用油，倒入黄瓜条，煮约1分钟，捞出，沥干水分，待用。

③ 用油起锅，倒入姜片、蒜末、葱段、花椒，爆香。

④ 倒入红椒丝、泡椒、黄瓜条，加入白糖、辣椒油、盐、白醋，炒入味即可。

材料

莲藕 300克
花椒 3克
姜片 少许
蒜末 少许

调料

盐 5克
白醋 5毫升
剁椒 少许
鸡粉 适量
水淀粉 适量
食用油 适量
老干妈辣椒酱少许

莲藕入锅炒制的时间不能太久，否则就会失去爽脆的口感。

湖南麻辣藕

2分钟 2人份

做法

① 将去皮洗净的莲藕切成片，装入碗中备用。

② 锅中加入适量清水烧开，加入白醋、部分盐，倒入莲藕片，拌匀，煮约2分钟，捞出。

③ 用油起锅，倒入姜片、蒜末、花椒，炒香，倒入莲藕，翻炒片刻。

④ 加入老干妈辣椒酱、剁椒，加入余下的盐、鸡粉，炒匀调味，用水淀粉勾芡即可。

做法

① 洗净的杭椒切成约4厘米长的段；洗净的红椒切粒；洗净的竹笋切段。

② 锅中倒入清水烧开，加入3克盐和少许食用油，放入杭椒段、竹笋，煮至断生，捞出。

③ 将煮好的杭椒、竹笋装入碗中，倒入蒜末、葱花、红椒粒。

④ 加入余下的盐、鸡粉、生抽、陈醋，倒入辣椒油、芝麻油，拌至入味即可。

材料

杭椒	65克
竹笋	200克
红椒	10克
蒜末	少许
葱花	少许

调料

盐	5克
鸡粉	2克
生抽	10毫升
陈醋	6毫升
辣椒油	适量
芝麻油	适量
食用油	适量

Tips

拌制此菜肴时，可以加入少许白糖，以中和竹笋的苦涩味道。

麻婆豆腐

15分钟 2人份

材料

豆腐400克，鸡汤500毫升，蒜末15克，葱花20克，豆瓣酱25克

调料

花椒粉5克，水淀粉、食用油各适量

做法

① 豆腐切块，放入沸水中，焯2分钟倒出。

② 热锅注油烧热，放入豆瓣酱、蒜末，炒香，倒入鸡汤，翻炒均匀。

③ 放入豆腐烧开，炒至入味，加入水淀粉勾芡，撒入花椒粉调味，最后撒上葱花即可。

口水香干

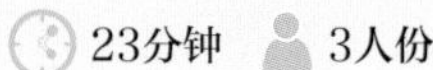

材料

卤香干630克，朝天椒碎、白芝麻各5克，熟花生碎23克，芹菜碎10克

调料

盐3克，生抽9毫升，陈醋3毫升，花椒油适量

做法

① 卤香干切片；朝天椒碎加芹菜碎、白芝麻拌匀。

② 将花椒油浇至盛有朝天椒的碗中，再倒入生抽、陈醋、盐拌成酱汁。

③ 盘中摆好香干，浇上酱汁，撒上熟花生碎即可。

水煮肉片

15分钟

3人份

材料

瘦肉	210克
生菜	150克
红泡椒	少许
干辣椒	15克
花椒	少许
葱花	少许
蒜末	适量

调料

盐	3克
料酒	15毫升
生粉	10克
豆瓣酱	25克
辣椒油	10毫升
食用油	适量

做法

① 干辣椒切段；洗净的瘦肉切片。

② 将肉片放入碗中，撒入部分盐、料酒、生粉，腌渍5分钟。

③ 热锅注油烧热，放入部分蒜末爆香，放入生菜、部分盐炒匀捞出。

④ 热锅注油，放入部分蒜末、豆瓣酱、余下的盐炒香，注入适量清水烧开。

⑤ 将汤汁过滤，倒入锅中烧开，放入肉片，煮3分钟装碗，撒入花椒、干辣椒、余下的蒜末、葱花。

⑥ 热锅烧油至八成热，浇至食材上，放入红泡椒，淋入辣椒油即可。

材料

豆腐皮	150克
瘦肉	200克
豆瓣酱	30克
水发木耳	80克
香菜	少许
姜丝	少许

调料

盐	2克
鸡粉	2克
白糖	1克
陈醋	5毫升
辣椒油	5毫升
食用油	适量

口味偏好麻辣的人，可加入花椒及干辣椒爆香。

川味豆皮丝

5分钟　2人份

做法

① 将洗净的豆腐皮卷起，切成丝；洗好的木耳切丝；洗净的瘦肉切丝。

② 热锅注油，倒入姜丝爆香，放入豆瓣酱，炒匀，注入适量清水，倒入肉丝，拌匀。

③ 放入豆腐皮丝、木耳丝，拌匀，加入盐、鸡粉、白糖、陈醋，拌匀。

④ 加盖，用小火焖2分钟，揭盖，淋入辣椒油，拌匀，装盘，放上香菜点缀即可。

辣味炖肉

18分钟 3人份

做法

① 将猪瘦肉洗净，切成块；将干辣椒切碎。

② 锅中注入清水烧开，放入猪肉块，汆片刻，去除浮沫，捞出，沥干水分。

③ 锅中注油烧热，放入姜末、干辣椒碎炒香，再放入猪肉块，炒匀。

④ 加入生抽、料酒、盐、辣椒酱，小火焖10分钟，放入鸡粉，用水淀粉勾芡，盛出，撒上葱花、白芝麻即可。

材料

猪瘦肉	500克
干辣椒	20克
姜末	10克
白芝麻	适量
葱花	少许

调料

盐	3克
鸡粉	2克
生抽	15毫升
料酒	10毫升
水淀粉	适量
辣椒酱	适量
食用油	适量

Tips

猪肉中含有血红蛋白和促进铁吸收的半胱氨酸，能改善缺铁性贫血。

芝麻辣味炒排骨

2分钟　2人份

材料

猪排骨	500克
白芝麻	8克
干辣椒	少许
葱花	少许
蒜末	少许

调料

盐	3克
鸡粉	3克
生粉	20克
豆瓣酱	15克
料酒	15毫升
辣椒油	4毫升
食用油	适量

做法

① 将洗净的猪排骨装入碗中，放入盐、鸡粉，淋入部分料酒，放入豆瓣酱、生粉，抓匀。

② 热锅注油，烧至五成热，倒入猪排骨，搅散，炸至金黄色，捞出炸好的猪排骨，沥干油，备用。

③ 锅底留油，倒入蒜末、干辣椒，翻炒出香味，放入猪排骨，淋入余下的料酒、辣椒油，炒匀调味。

④ 撒入葱花，快速翻炒均匀，放入备好的白芝麻，快速翻炒片刻，炒出香味，盛出即可。

1

2

3

4

Tips 猪排骨有很高的营养价值，含有人体生理活动必需的优质蛋白质、脂肪，其所富含的钙质可维护骨骼的健康。

泡椒爆猪肝

3分钟　1人份

材料

猪肝200克，水发木耳80克，胡萝卜片60克，青椒块20克，泡椒15克，姜片少许

调料

盐4克，料酒10毫升，豆瓣酱8克，食用油、水淀粉各适量

做法

① 木耳切块；泡椒对半切开；处理干净的猪肝切片，放入部分盐、料酒、水淀粉腌渍。

② 起油锅，爆香姜片，倒入猪肝，炒变色，放料酒、豆瓣酱炒匀，倒入木耳、胡萝卜片、青椒块、泡椒炒匀，加入余下的盐炒匀即可。

香辣蹄花

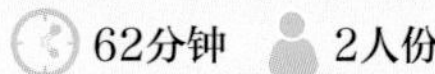

62分钟　2人份

材料

猪蹄块270克，西芹段75克，红小米椒圈20克

调料

盐3克，料酒3毫升，生抽4毫升，芝麻油、花椒油、辣椒油各适量

做法

① 沸水锅倒入猪蹄块、料酒，煮熟捞出。

② 红小米椒加盐、生抽、芝麻油、花椒油、辣椒油，拌匀，制成味汁。

③ 将熟猪蹄置于凉开水中，过凉水后装入盘中，撒上西芹段，浇上味汁即可。

香辣猪皮

7分钟

1人份

材料

猪皮	150克
干辣椒	10克
蒜末	少许
姜片	少许
葱段	少许

调料

盐	2克
味精	适量
水淀粉	适量
糖色	适量
辣椒酱	适量
食用油	适量
料酒	少许
蚝油	少许

做法

① 将洗净的猪皮放入热水中，煮5分钟至熟，捞出后抹上糖色。

② 锅中注油烧热，倒入猪皮，加盖，炸约1分钟，捞出沥油，切成丝。

③ 锅留底油，倒入姜片、蒜末和干辣椒爆香，倒入辣椒酱、猪皮，炒匀。

④ 淋入料酒拌匀，再加盐、味精、蚝油炒入味，加入水淀粉，撒入葱段拌匀即可。

椒油浸腰花

5分钟　2人份

材料

材料	用量
猪腰	200克
白菜	100克
花椒	15克
青椒	适量
葱段	少许
蒜末	少许
姜片	少许

调料

盐	少许
豆瓣酱	适量
水淀粉	少许
花椒油	少许
生粉	适量
食用油	适量
料酒	少许

做法

① 洗净的青椒切片；洗好的白菜切块；猪腰对半切开，切去筋膜，打上花刀，切片。

② 猪腰加入部分料酒、盐、生粉，拌匀。

③ 沸水锅放部分盐、食用油、白菜煮1分钟，捞出，装入碗中；锅中加清水烧热，放入猪腰，煮沸后捞出。

④ 用油起锅，倒入蒜末、姜片、葱段、青椒爆香，倒入猪腰，调入余下的料酒炒匀，放入豆瓣酱炒至熟，加少许清水煮沸，放余下的盐调味，倒入水淀粉勾芡，加热油拌匀，盛入装白菜的碗内。

⑤ 锅中倒入花椒油，再倒入花椒爆香，浇在猪腰上即可。

Tips 热锅放入花椒油和花椒一起爆香后就成了花椒汁，将其浇在熟肉上面即可去除肉的膻腥味，又可使肉的口感更佳。

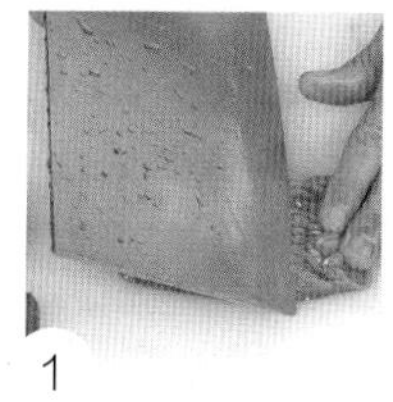
1

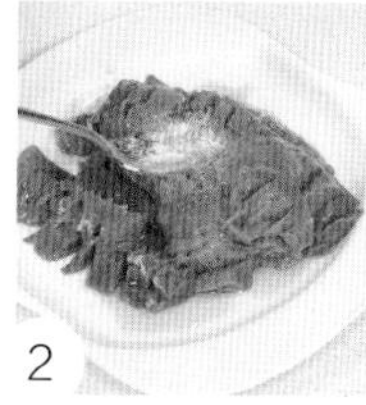
2

3

4

5

材料

熟猪小肠	150克
白萝卜	250克
灯笼泡椒	30克
蒜末	少许
姜片	少许
葱白	适量

调料

盐	2克
鸡粉	2克
豆瓣酱	适量
料酒	10毫升
蚝油	8克
水淀粉	适量
食用油	适量

泡椒具有色泽红亮、辣而不燥、辣中微酸的特点，与猪肠同煮既可以减轻猪肠的异味又可使成菜更美味。

泡椒猪小肠

3分钟　2人份

做法

① 将去皮洗净的白萝卜切片；灯笼泡椒对半切开；熟猪小肠切段。

② 锅中加清水烧开，放入部分盐后倒入白萝卜煮沸，捞出；再倒入熟猪小肠，煮片刻后捞出。

③ 用油起锅，倒入蒜末、姜片、豆瓣酱、葱白炒香，加入熟猪小肠。

④ 倒入灯笼泡椒炒匀，淋上料酒、蚝油炒匀，倒入白萝卜，加入余下的盐、鸡粉，倒上水淀粉炒至入味，盛入盘中即可。

做法

① 牛肉洗净，切大片，用刀背将牛肉片拍松软，切成丁块；红椒洗净，切小段。

② 牛肉块加部分盐、白糖、料酒、水淀粉、生粉拌匀，腌渍片刻。

③ 热锅注油，倒入牛肉块，拌匀，炸1分钟，断生后捞出装盘。

④ 锅留底油，倒入生姜片、蒜末煸炒香，加入辣椒酱、红椒段翻炒出辣味。

⑤ 倒入牛肉块，翻炒至熟透，加余下的盐、蚝油翻炒入味，再加芝麻油、辣椒油翻炒匀，撒入葱花出锅即成。

材料

牛肉	200克
红椒	30克
生姜片	少许
蒜末	少许
葱花	少许

调料

盐	2克
白糖	2克
料酒	3毫升
芝麻油	5毫升
辣椒油	4毫升
蚝油	5克
水淀粉	适量
辣椒酱	适量
生粉	适量
食用油	适量

Tips

牛肉不易熟烂，烹饪时放少许山楂、橘皮或茶叶有利于熟烂。

川辣红烧牛肉

30分钟　2人份

材料

卤牛肉	200克
土豆	100克
大葱	30克
干辣椒	10克
香叶	4克
葱段	少许
姜片	少许
八角	适量
蒜末	适量

调料

生抽	5毫升
老抽	2毫升
料酒	4毫升
豆瓣酱	10克
水淀粉	适量
食用油	适量

1

2

3

4

做法

① 卤牛肉切块；把洗净的大葱斜刀切段；洗好去皮的土豆切块，入油锅，炸至金黄色，捞出，沥干油。

② 锅底留油烧热，倒入干辣椒、香叶、八角、蒜末、姜片、大葱，炒香，放入卤牛肉，炒匀。

③ 加入料酒、豆瓣酱，炒香，放入生抽、老抽，炒上色，注入适量清水，煮20分钟。

④ 倒入土豆、葱段，炒匀，煮5分钟，拣出香叶、八角，倒入水淀粉勾芡即可。

土豆含有膳食纤维和多种氨基酸、矿物质、维生素等营养成分，具有和胃调中、健脾利湿、解毒消炎、宽肠通便、降糖降脂、活血消肿、益气强身等功效。

魔芋泡椒鸡

17分钟

2人份

材料

魔芋黑糕 300克
鸡胸脯肉 120克
姜丝 少许
葱段 少许
泡朝天椒圈30克

调料

白胡椒粉 4克
辣椒油 适量
水淀粉 适量
食用油 适量
盐 2克
白糖 2克
料酒 少许
生抽 少许

做法

① 魔芋黑糕切块；洗好的鸡胸脯肉切丁；鸡肉加入盐、料酒、白胡椒粉、部分水淀粉、食用油，腌渍。

② 取一碗，倒入清水，放入魔芋黑糕块，浸泡10分钟，捞出，装盘待用。

③ 用油起锅，倒入鸡肉，加入葱段、姜丝、泡朝天椒圈、魔芋黑糕块、生抽、清水，焖2分钟。

④ 加入白糖、余下的水淀粉，炒匀，倒入辣椒油，翻炒约3分钟至入味即可。

宁强麻辣鸡

 10分钟

3人份

材料

公鸡	580克
花椒	3克
白芝麻	4克
辣椒碎	15克
花生碎	20克
葱花	5克
草果	2克
砂仁	2克
八角	3克
白芷	3克

调料

盐	3克
花椒粉	3克
料酒	6毫升
食用油	150毫升

做法

① 碗中放入辣椒碎、花生碎、白芝麻拌匀；热锅注油，烧热，浇入碗中即成油泼辣子。

② 汤锅中加清水烧开，放入处理好的公鸡、草果、砂仁、八角、花椒、白芷、料酒、部分盐，煮至沸腾，盖上锅盖续煮8分钟，捞出，放凉。

③ 做好的油泼辣子加入余下的盐、花椒粉，搅拌均匀。

④ 将凉凉的鸡肉切块，装入备好的盘中，倒入油泼辣子，撒上葱花即可。

重庆烧鸡公

5分钟　3人份

材料

公鸡	500克
青椒	45克
红椒	40克
蒜头	40克
干辣椒	适量
葱段	少许
姜片	少许
蒜片	适量
花椒	适量
桂皮	少许
八角	少许

调料

盐	2克
鸡粉	2克
豆瓣酱	15克
生抽	8毫升
辣椒油	5毫升
花椒油	5毫升
食用油	适量

做法

① 洗净的青椒、红椒均去蒂，切开，去籽，切段；宰杀处理干净的公鸡斩件，斩成小块。

② 锅中注入清水烧开，倒入鸡块，煮至沸，汆去血水，捞出，沥干水。

③ 热锅注油烧热，倒入八角、桂皮、花椒，放入蒜头，炸香，倒入鸡块，翻炒均匀。

④ 加入姜片、蒜片、干辣椒、青椒、红椒，翻炒匀，加入豆瓣酱，炒出香味。

⑤ 放盐、鸡粉、生抽，再淋入辣椒油、花椒油，炒匀调味，装入碗中，放上葱段，即成。

Tips　汆鸡块时还可以放入适量白酒，去除血腥味。

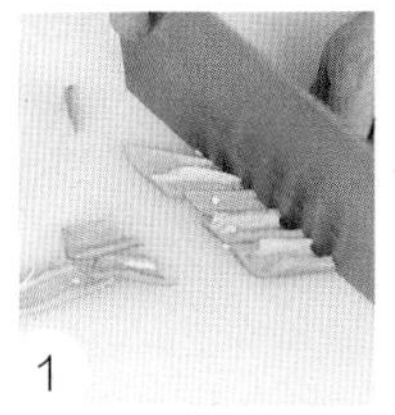
1

2

3

4

5

材料

鸡肉	300克
红椒	20克
蒜末	少许
葱花	少许

调料

盐	2克
鸡粉	2克
生抽	5毫升
花椒粉	少许
辣椒粉	少许
食用油	适量
辣椒油	10毫升
料酒	适量
生粉	适量

Tips

放入调味料调味时，应将火调小，以免鸡肉炒煳。

麻辣怪味鸡

3分钟 2人份

做法

① 将洗净的红椒切成小块；洗好的鸡肉斩成小块。

② 把鸡肉块装入碗中，加入生抽、部分盐、鸡粉、料酒、生粉，拌匀，腌渍入味。

③ 热油锅中倒入鸡肉块，炸香后捞出。

④ 锅底留油烧热，放入蒜末、红椒块、鸡肉块。

⑤ 倒入花椒粉、辣椒粉、葱花，加入余下的盐、鸡粉、辣椒油，炒匀，盛出菜肴即可。

剁椒焖鸡翅

12分钟　3人份

做法

① 锅中注入清水煮沸，倒入洗净的鸡翅，煮约2分钟至断生，捞出，沥干水分，盛在盘中。

② 用油起锅，爆香葱段、姜片、蒜末，放入剁椒、鸡翅，炒香炒透。

③ 淋上生抽，再加入盐、鸡粉、料酒，炒匀，注入适量清水，煮10分钟。

④ 淋入老抽，炒匀，用大火收汁，倒入水淀粉，炒均匀即可。

材料

鸡翅	350克
剁椒	25克
葱段	少许
姜片	少许
蒜末	少许

调料

盐	2克
鸡粉	2克
老抽	2毫升
生抽	2毫升
料酒	5毫升
水淀粉	10毫升
食用油	少许

Tips

煮鸡翅时，可以放入少许白醋，既可去除异味，又能去除其表面黏液。

泡椒炒鸭肉

6分钟

2人份

材料

鸭肉	200克
灯笼泡椒	60克
泡小米椒	40克
葱段	少许
姜片	适量
蒜末	适量

调料

盐	3克
鸡粉	2克
生抽	少许
豆瓣酱	10克
料酒	5毫升
水淀粉	适量
食用油	适量

做法

① 将灯笼泡椒切块；泡小米椒切成段；洗净的鸭肉加部分生抽、盐、鸡粉、料酒、水淀粉，拌匀腌渍。

② 锅中注入清水烧开，倒入鸭肉块，煮约1分钟，捞出，沥干水分。

③ 起油锅，放入鸭肉块，炒匀，放入蒜末、姜片、余下的料酒，炒香，再放入余下的生抽、泡小米椒、灯笼泡椒，炒匀。

④ 加豆瓣酱、余下的鸡粉，炒匀，注入清水，煮3分钟，大火收汁，用余下的水淀粉勾芡，盛出，撒上葱段即成。

剁椒武昌鱼

10分钟

3人份

材料

武昌鱼	650克
剁椒	60克
姜块	少许
葱段	适量
葱花	适量
蒜末	少许

调料

鸡粉	1克
白糖	3克
料酒	5毫升
食用油	15毫升

做法

① 处理干净的武昌鱼切成段；取一盘，放入姜块、葱段，将鱼头摆在盘子边缘，鱼段摆成孔雀开屏状。

② 备一碗，倒入剁椒，加入料酒、白糖、鸡粉、10毫升食用油，拌匀，淋到武昌鱼身上。

③ 蒸锅中注入清水烧开，放上武昌鱼，加盖，用大火蒸8分钟至熟，取出，撒上蒜末、葱花。

④ 另起锅，注入5毫升食用油，烧至五成热，浇在蒸好的武昌鱼身上即可食用。

水煮鱼

10分钟　3人份

材料

草鱼	1条
黄豆芽	适量
小葱	20克
生姜	30克
蒜末	30克
蛋清	35克
干辣椒	适量
青花椒	少许

调料

料酒	10毫升
盐	3克
胡椒粉	3克
豆瓣酱	30克
花椒油	20毫升
芝麻油	5毫升
食用油	适量
鸡粉	少许
生粉	少许
白糖	适量
生抽	适量

做法

① 生姜去皮，部分切片，部分切末；草鱼横刀切开，顺鱼骨片取鱼腩肉部分，鱼骨切成小段；洗净的小葱切段。

② 鱼骨加适量的盐、姜片、葱段、胡椒粉、鸡粉、料酒腌渍；鱼肉片，加适量的生粉、胡椒粉、鸡粉、料酒、蛋清、食用油腌渍；干辣椒剪成小段。

③ 热锅注油，下干辣椒段、蒜末、葱段、黄豆芽煸炒，加鸡粉、生抽炒入味，捞出装碗。

④ 热锅注油烧热，放入姜末、蒜末、豆瓣酱、白糖，炒香，注入清水，煮3分钟，过滤掉料渣，汤汁煮沸，放入鱼骨块，煮2分钟，捞出，放在食材上。

⑤ 汤汁中加入鸡粉、生抽、芝麻油、花椒油，煮片刻，放入鱼腩肉片，煮熟，捞出，盛至食材上，淋上汤汁，撒上干辣椒、青花椒、葱段、蒜末，浇热油即可。

1

2

3

4

5

香辣水煮虾丸

10分钟

2人份

材料

虾丸	100克
鸡蛋液	60克
白菜	95克
五花肉	110克
干辣椒	25克
花椒	5克
蒜末	少许
姜末	少许
香菜	少许

调料

盐	3克
豆瓣酱	30克
食用油	适量
料酒	少许
生抽	少许

做法

① 洗净的白菜切丝；洗净的虾丸对半切开，打上十字花刀；洗净的五花肉切去猪皮，切片。

② 沸水锅中倒入白菜丝，焯片刻至其断生，捞出，沥水，装碗。

③ 起油锅，倒五花肉片炒至转色，加豆瓣酱、姜末、蒜末，爆香，淋上料酒、生抽，注入清水，倒入虾丸，煮5分钟，倒入鸡蛋液，续煮2分钟，撒上盐拌匀，盛入碗中。

④ 碗中撒上花椒、干辣椒；另起锅注油烧热，浇在食材上，撒上香菜即可。

辣味鱿鱼须

2分钟

2人份

材料

鱿鱼须	450克
干辣椒	30克
生姜	25克
小葱	少许
大蒜	少许

调料

盐	3克
胡椒粉	少许
豆瓣酱	12克
料酒	10毫升
水淀粉	少许
辣椒油	少许
食用油	适量
蚝油	适量

做法

① 将处理干净的鱿鱼须切段；洗净去皮的生姜切丝；去皮洗净的大蒜切成末；洗好的小葱切段。

② 碗中倒入葱白、姜丝、料酒，挤出汁水，加入鱿鱼须里，再加盐，腌渍。

③ 用油起锅，爆香姜丝、蒜末，倒入豆瓣酱、干辣椒，炒出香味，放入鱿鱼须，翻炒匀。

④ 加蚝油，炒匀，倒入水淀粉勾芡，撒入胡椒粉、辣椒油、葱段，炒入味即可。

麻辣水煮花蛤

15分钟

3人份

材料

花蛤　500克
豆芽　200克
去皮竹笋　100克
干辣椒、蒜片适量
青椒、红椒各30克
黄瓜、芦笋各适量
花椒、香菜各少许
姜片、葱段各少许

调料

鸡粉　3克
辣椒粉　5克
食用油　适量
豆瓣酱　10克
生抽、料酒各少许

做法

① 洗净的红椒、青椒切圈；洗净的竹笋、黄瓜切片；洗净的芦笋切段。

② 起油锅，爆香蒜片、姜片，加花椒、干辣椒、豆瓣酱、辣椒粉炒匀。

③ 注入清水烧开，加入花蛤、鸡粉、生抽、料酒煮沸，捞出花蛤。

④ 分别将竹笋、豆芽、黄瓜、芦笋倒入锅内，煮至断生捞出。

⑤ 碗中放豆芽、黄瓜、竹笋、芦笋、花蛤、青椒、红椒、汤汁、香菜、葱段、辣椒粉，再浇上含有花椒的热油，放上香菜叶即可。

CHAPTER 03

就是好这一口肉

作为嗜肉一族，
最开心的事就是每顿饭都有肉!
在大口大口吃肉的同时，
在饭里淋上香浓的肉汁搅拌一下，
浓郁的肉香让你吃了一碗饭，再来一碗!

材料

瘦肉	250克
酸笋	200克
青椒	20克
红椒	15克
鱿鱼圈	80克
姜片	少许
蒜末	少许

调料

盐	3克
鸡粉	3克
嫩肉粉	2克
辣椒酱	10克
水淀粉	适量
料酒	适量
生抽	少许
食用油	适量

Tips

酸笋有消炎、解腥的功效，所含粗纤维能促进肠胃蠕动，对便秘有一定的食疗功效。

酸笋辣炒肉片

15分钟　2人份

做法

① 去皮洗净的酸笋用切片；洗净的红椒、青椒均去籽，切片；洗净的瘦肉切片，加嫩肉粉、部分的盐、水淀粉、食用油，腌渍10分钟。

② 热锅注油烧热，倒入肉片，滑油片刻，捞出。

③ 锅底留油，倒入姜片、蒜末、青椒、红椒爆香，倒入酸笋、肉片、鱿鱼圈，炒匀。

④ 加入料酒、余下的盐、鸡粉，再加入生抽、辣椒酱，炒匀，用余下的水淀粉勾芡即可。

鱼香肉丝

12分钟　2人份

做法

① 猪里脊肉切丝，撒上部分盐、生粉、料酒、蛋清、食用油拌匀腌渍。

② 胡萝卜去蒂切丝，木耳切丝，竹笋去皮切丝，均煮至断生，捞出。

③ 热锅注油烧热，倒入肉丝，油炸至变成白色，盛出。

④ 热锅注油，放入姜末、蒜末、豆瓣酱炒香，放入白糖、肉丝、生抽炒匀入味。

⑤ 放入竹笋丝、胡萝卜丝、木耳丝，炒匀，加余下的盐、鸡粉、辣椒油、陈醋、水淀粉、葱段炒入味，点缀上香菜即可。

材料

胡萝卜	150克
竹笋	100克
水发木耳	24克
猪里脊肉	200克
葱段	35克
蒜末	30克
姜末	30克
香菜	少许
蛋清	10克

调料

盐	5克
鸡粉	3克
白糖	10克
料酒	10毫升
陈醋	10毫升
生抽	10毫升
生粉	少许
辣椒油	适量
豆瓣酱	适量
水淀粉	适量
食用油	适量

糖醋里脊

5分钟

2人份

材料

猪里脊肉	300克
鸡蛋	1个
生粉	50克
番茄酱	30克

调料

盐	3克
白醋	10毫升
白糖	30克
食用油	适量

做法

① 碗中打入鸡蛋，打散，倒入生粉拌匀；猪里脊肉切条；蛋液中加入食用油、猪里脊肉，腌渍。

② 碗中放入盐、白糖、白醋、番茄酱、清水，搅拌成酱汁。

③ 热锅注油烧热，放入猪里脊肉，油炸1分钟，捞出，再复炸一遍至酥脆，捞出。

④ 锅底留油，加入酱汁、食用油，煮至汤汁浓稠，倒入里脊肉，炒匀即可。

猪肉烩菜

7分钟

2人份

材料

白菜 100克
五花肉 80克
肉丸 80克
豆腐 60克
水发海带 40克
葱段 少许
姜片 少许
水发红薯粉条70克

调料

盐 3克
鸡粉 3克
豆瓣酱 20克
食用油 适量

做法

① 洗净的白菜对半切条；洗净的海带切丝；豆腐切成块；肉丸对半切开，划上十字花刀；五花肉去皮切片。

② 热锅注油烧热，倒入五花肉，炒至转色，倒入姜片、葱段爆香。

③ 倒入豆瓣酱，炒匀，倒入白菜，炒匀，注入500毫升清水。

④ 加入肉丸、海带、豆腐、红薯粉条，煮5分钟，加入盐、鸡粉，拌至入味即可。

酱香菜花豆角

5分钟 

材料

花菜	270克
豆角	380克
熟五花肉	200克
洋葱	100克
圆椒	50克
红彩椒	60克
姜片	少许

调料

盐	1克
鸡粉	1克
豆瓣酱	40克
水淀粉	5毫升
食用油	适量

做法

① 洗净的洋葱切块；洗好的圆椒、红彩椒均去籽切片；熟五花肉切片。

② 洗净的豆角切小段；洗好的花菜去梗切块。

③ 将处理好的豆角、花菜均煮至断生捞出。

④ 另起锅注油，倒入五花肉片，放入姜片，炒约1分钟，放入豆瓣酱、花菜和豆角，炒匀。

⑤ 加入盐、鸡粉、清水、圆椒、彩椒和洋葱，炒约2分钟，用水淀粉勾芡即可。

Tips 豆瓣酱本身有咸味，可不放盐。

1

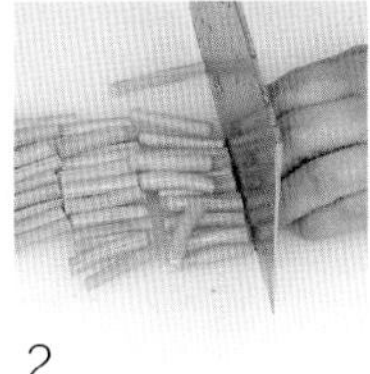
2

3

4

5

红烧肉炖粉条

67分钟

2人份

材料

水发粉条	300克
五花肉	550克
八角	1个
姜片	少许
葱段	少许
香菜	少许

调料

盐	1克
鸡粉	1克
白糖	2克
老抽	3毫升
料酒	5毫升
生抽	5毫升
食用油	适量

做法

① 洗净的五花肉切粗条，再切块；泡好的粉条从中间切成两段。

② 沸水锅中倒入切好的五花肉，汆一会儿至去除血水及脏污，捞出，沥干水分，装盘。

③ 热锅注油，倒入八角、姜片、葱段，爆香，放入五花肉、料酒、生抽、清水、老抽、盐、白糖，炖1小时。

④ 倒入粉条，加入鸡粉，拌匀，续煮5分钟至熟软，盛出，装碗，放上香菜点缀即可。

猪肉炖豆角

27分钟

2人份

材料

五花肉	200克
豆角	120克
葱段	少许
姜片	适量
蒜末	适量

调料

盐	2克
鸡粉	2克
白糖	4克
南乳	5克
水淀粉	少许
生抽	适量
料酒	适量
老抽	适量

做法

① 洗净的豆角切成段；锅中注入清水烧开，加入豆角，煮2分钟，捞出。

② 烧热炒锅，放入五花肉，炒出油，放入姜片、蒜末，加适量南乳，炒匀。

③ 淋入料酒，炒香，加入白糖、生抽、老抽，炒匀，倒入适量清水，搅匀。

④ 加鸡粉、盐，焖20分钟，放入豆角，焖4分钟，用大火收汁，倒入水淀粉勾芡，放入葱段，炒出葱香味即可。

韩式香煎五花肉

材 料

五花肉330克，韩式辣酱35克，生菜170克，大蒜35克，白芝麻10克

做法

① 大蒜去皮切成薄片；洗净的五花肉切成薄片；盘中放入生菜。

② 热锅放入五花肉片，煎2分钟，翻至另一面，再煎3分钟，夹至盘中。

③ 刷上一层韩式辣酱，撒入白芝麻，放上大蒜片即可食用。

开胃酸辣排骨

20分钟 2人份

材 料

排骨400克，蒜蓉、葱花各8克，姜蓉10克，豆豉5克

调 料

盐2克，白糖、剁椒、干淀粉各8克，白醋、生抽各8毫升，蚝油5克

做法

① 大容器中倒入排骨，放入白糖、白醋、生抽、剁椒、蒜蓉、蚝油、盐、姜蓉、豆豉、干淀粉，腌渍装盘。

② 电蒸锅注入清水烧开，放入排骨，盖上锅盖，蒸15分钟，取出，撒上葱花即可。

红烧排骨

25分钟

2人份

材料

排骨	300克
八角	3颗
冰糖	30克
生姜	少许

调料

料酒	5毫升
生抽	5毫升
盐	3克
水淀粉	5毫升
食用油	适量

做法

① 洗净的生姜切片；排骨用水冲洗，斩成段；沸水锅中倒入排骨段，煮3分钟，捞出，冲洗净。

② 另起锅烧热，倒油，再放入适量清水、冰糖，炒至溶化，再倒入适量的清水，煮沸后盛出。

③ 热锅注油烧热，爆香生姜片、八角，倒入排骨、料酒、生抽，炒匀上色。

④ 倒入糖水、清水，煮至沸腾，加入盐，焖20分钟，用水淀粉勾芡即可。

番茄酱珍珠丸子

25分钟　3人份

材料

肉胶	500克
生粉	25克
肥肉丁	70克
枧水	5毫升
香菇粒	45克
葱花	少许
水发糯米	70克

调料

盐	3克
白糖	3克
鸡粉	3克
生粉	4克
生抽	4毫升
芝麻油	3毫升
食用油	适量
花生酱	15克
番茄酱	30克
食粉	5克

1

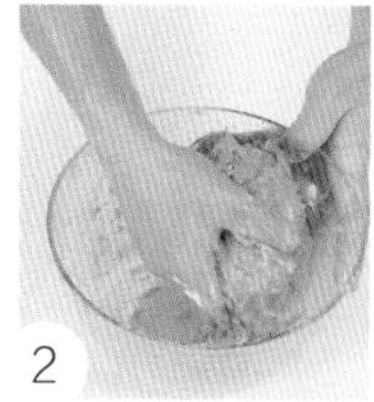
2

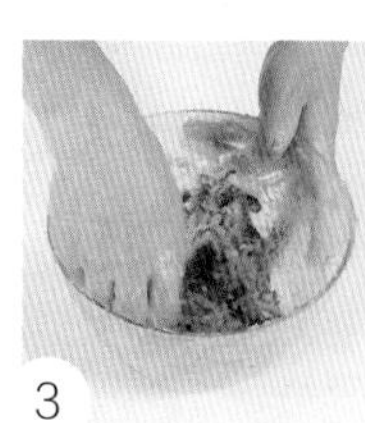
3

4

5

做法

① 把肉胶倒入碗中，食粉加枧水搅匀，加入其中。

② 放入花生酱、盐、清水，拌匀，搅至起浆，再放白糖、鸡粉、生抽、生粉，拌匀。

③ 倒入肥肉丁、食用油、芝麻油，拌匀，加入香菇粒、葱花，拌匀，制成馅料。

④ 把馅料捏成丸子状，裹上水发糯米，放入蒸笼。

⑤ 放入烧开的蒸锅，大火蒸20分钟，取出；锅中注入少许油烧热，放入丸子，再倒入番茄酱炒匀即可。

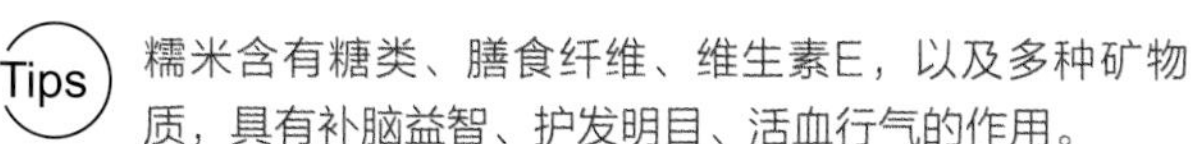

Tips　糯米含有糖类、膳食纤维、维生素E，以及多种矿物质，具有补脑益智、护发明目、活血行气的作用。

青豆烧肥肠

12分钟　2人份

材料

熟肥肠250克，青豆200克，泡朝天椒圈40克，姜片、蒜末、葱段各少许

调料

豆瓣酱30克，盐、鸡粉各2克，花椒油4毫升，料酒、生抽、食用油各适量

做法

① 熟肥肠切成段；热锅注油，倒入泡朝天椒圈、豆瓣酱、姜片、蒜末、葱段炒匀。

② 倒入熟肥肠、青豆，翻炒片刻，淋入料酒、生抽，注入清水，加入盐，炒入味，加入鸡粉、花椒油，炒匀即可。

东北酱肥肠

3分钟　2人份

材料

熟猪大肠段300克，青椒块、洋葱块、去皮胡萝卜片、葱段、姜片、蒜末各适量

调料

盐2克，鸡粉1克，料酒、水淀粉各5毫升，老抽3毫升，食用油适量

做法

① 起油锅，放入熟猪大肠段，炒数下，加入料酒、老抽、葱段、姜片、蒜末，炒香。

② 再放入洋葱块、胡萝卜片、青椒块炒至断生，注入少许清水，加入盐、鸡粉，炒匀调味，用水淀粉勾芡即可。

肉末尖椒烩猪血

6分钟

2人份

材料

猪血	300克
青椒	30克
红椒	25克
肉末	100克
姜片	少许
葱花	少许

调料

盐	2克
白糖	4克
水淀粉	适量
胡椒粉	适量
食用油	适量
生抽	少许
陈醋	少许

做法

① 将洗净的红椒切成圈；洗好的青椒切块；将处理好的猪血横刀切开，切成粗条。

② 锅中注入适量清水烧开，倒入猪血，加入部分盐，汆片刻，捞出，装入碗中备用。

③ 用油起锅，倒入肉末，炒转色，加入姜片、清水、青椒、红椒、猪血。

④ 加入余下的盐、生抽、陈醋、白糖，炖3分钟，加入胡椒粉、水淀粉，拌匀盛出，撒上葱花即可。

材料

芹菜	70克
红椒	30克
猪皮	110克
葱段	少许
姜片	适量
蒜末	适量

调料

豆瓣酱	6克
盐	4克
鸡粉	2克
白糖	3克
老抽	2毫升
生抽	3毫升
料酒	4毫升
水淀粉	适量
食用油	适量

切猪皮时，黏附在皮上的肉筋要清除干净，以免影响菜肴的口感。

芹菜炒猪皮

3分钟　1人份

做法

① 将洗净的猪皮切成粗丝；洗好的芹菜切成小段；洗净的红椒去籽，切成粗丝。

② 沸水锅中倒入猪皮，放入部分盐，煮至熟透，捞出煮好的猪皮，沥干水分，待用。

③ 用油起锅，爆香姜片、蒜末、葱段，倒入猪皮、料酒、老抽、白糖、生抽，炒匀。

④ 倒入红椒、芹菜，翻炒至断生，注入清水，加入豆瓣酱、余下的盐、鸡粉，翻炒至食材入味。

⑤ 倒入水淀粉勾芡，关火后盛出炒好的食材，放在盘中即成。

香炒卤猪舌

5分钟　2人份

做法

① 将洗净的西蓝花掰成小朵；洗净的荷兰豆处理好；洗好的红椒去籽切块；卤猪舌切成片。

② 用油起锅，爆香红椒块、姜片、蒜末、葱白，倒入西蓝花、荷兰豆翻炒匀。

③ 再放入卤猪舌，翻炒均匀，淋入料酒、生抽。

④ 加入豆瓣酱、盐、鸡粉，炒匀调味，倒入水淀粉，炒匀即可。

材料

卤猪舌	120克
红椒	25克
西蓝花	150克
荷兰豆	少许
葱白	少许
姜片	适量
蒜末	适量

调料

盐	2克
鸡粉	1克
生抽	2毫升
豆瓣酱	10克
料酒	5毫升
水淀粉	3毫升
食用油	适量

Tips

猪舌含有丰富的蛋白质、维生素A、烟酸等营养元素，可以益气补血。

酸豆角炒猪耳

2分钟　2人份

材料

卤猪耳	200克
酸豆角	150克
朝天椒	10克
蒜末	少许
葱段	少许

调料

盐	2克
鸡粉	2克
生抽	3毫升
老抽	2毫升
水淀粉	10毫升
食用油	适量

做法

① 将酸豆角的两头切掉，再切长段；洗净的朝天椒切圈；把卤猪耳切片。

② 锅中注入适量清水烧开，倒入酸豆角，拌匀，煮1分钟，减轻其酸味，捞出，沥干水分。

③ 用油起锅，倒入猪耳炒匀，淋入生抽、老抽，炒香，撒上蒜末、葱段、朝天椒，炒香。

④ 放入酸豆角，炒匀，加入盐、鸡粉，炒匀调味，倒入水淀粉勾芡，盛出炒好的菜肴即可。

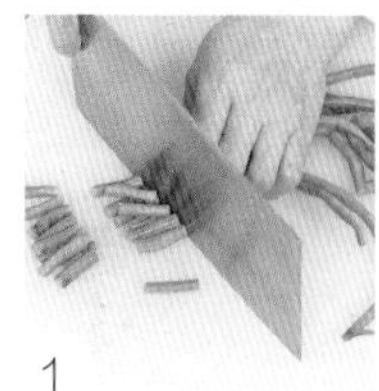

1

2

3

4

Tips　豆角含有蛋白质、糖类及多种维生素、矿物质，具有抑制胆碱酶活性、帮助消化、增进食欲等功效。

材料

香肠	200克
洋葱	50克
西芹叶	10克
蒜末	适量

调料

黄油	10克
胡椒粉	2克
橄榄油	10毫升

Tips

切洋葱的时候可在刀面上抹上食用油，就不会感到刺激眼睛了。

洋葱炒香肠

5分钟 2人份

做法

① 将香肠切成厚薄均匀的块状；洋葱洗净切成丝状；西芹叶洗净切碎。

② 在烧热的锅中注入橄榄油，放入黄油，使之熔化。

③ 放入蒜末爆香，放入香肠翻炒均匀，加入洋葱丝翻炒至熟，加入胡椒粉调味。

④ 最后放入部分西芹碎翻炒片刻，盛出装盘，再撒上余下的西芹碎即可。

做法

① 洗净的土豆削皮，切块；香肠切成厚片；青椒切成小块。

② 锅中注入清水烧开，放入土豆块煮至六成熟，捞出。

③ 锅中注油烧热，爆香蒜末、姜末，加入香肠，翻炒片刻，放入土豆块、青椒块炒匀。

④ 加入辣椒酱、辣椒油、适量的清水拌匀，煮3分钟，再加入盐、鸡粉调味即可。

材料

香肠	200克
土豆	400克
青椒	100克
蒜末	10克
姜末	10克

调料

盐	5克
鸡粉	5克
辣椒酱	10克
辣椒油	5毫升
食用油	20毫升

香肠中含有蛋白质、烟酸、维生素E、钙、磷、钾、钠、镁等营养成分，具有开胃消食、增进食欲等功效。

材料

牛肉	200克
黄彩椒	50克
红彩椒	50克
圆椒	50克
洋葱	20克
红辣椒	20克
大蒜	1瓣

调料

盐	3克
鸡粉	3克
生抽	8毫升
水淀粉	10毫升
食用油	适量

牛肉含有蛋白质、B族维生素、钾、镁、锌、铁等营养成分，具有增长肌肉、补铁养血、补充元气等作用。

彩椒牛柳

3分钟　1人份

做法

① 洗净的黄彩椒、红彩椒、圆椒切条；洗净的洋葱切丝；洗净的红辣椒切末；大蒜去皮切片。

② 牛肉切成丝，加入部分盐、鸡粉、水淀粉搅拌均匀。

③ 用油起锅，爆香蒜片、洋葱，放入牛肉，炒至变色，放入黄彩椒、红彩椒、圆椒，炒断生。

④ 倒入红辣椒末，炒出辣味，加入余下的盐、鸡粉、生抽炒匀，淋入余下的水淀粉勾芡即可。

自贡水煮牛肉

10分钟　4人份

做法

① 牛里脊肉切薄片；洗净的平菇撕成瓣；牛肉加鸡蛋清、生粉、料酒、生抽，腌渍。

② 热锅注油烧热，放入干辣椒、花椒，炒香，捞出干辣椒切碎，花椒捻碎后盛碗。

③ 热油锅中放入桂皮、草果、香叶、姜片、蒜片、大葱段，炒香后捞出。

④ 将豆瓣酱倒入锅中，小火炒出红油，再注入200毫升清水，烧开后放入黄豆芽、平菇炒2分钟，夹起。

⑤ 锅中再放入白醋、盐、牛里脊肉，煮2分钟，浇在装有豆芽和平菇的碗中，铺入蒜末、花椒碎、干辣椒碎、葱花即可。

材料

牛里脊肉	520克
黄豆芽	162克
平菇	142克
鸡蛋清	30克
干辣椒	9克
花椒	3克
草果	10克
香叶	1克
葱花	60克
姜片	50克
桂皮	6克
大葱段	适量
蒜片	少许
蒜末	少许

调料

盐	3克
料酒	1毫升
生抽	3毫升
白醋	3克
豆瓣酱	42克
食用油	适量
生粉	适量

香菇牛柳

3分钟　2人份

材料

芹菜	40克
香菇	30克
牛肉	200克
红椒	少许

调料

盐	2克
鸡粉	2克
生抽	8毫升
水淀粉	6毫升
蚝油	4克
料酒	适量
食用油	适量

做法

① 洗净的香菇切成片；洗好的芹菜切成段；洗净的牛肉切成条。

② 把牛肉条装入碗中，放入盐、料酒、生抽、水淀粉、食用油，腌渍入味。

③ 沸水锅中倒入香菇，略煮片刻，捞出香菇，沥干水分。

④ 热锅注油，倒入牛肉，放入香菇、红椒、芹菜，翻炒匀。

⑤ 加入余下的生抽、鸡粉、蚝油、水淀粉，翻炒片刻至食材入味即可。

Tips　牛肉在切之前可用刀背拍几下，这样更易入味。

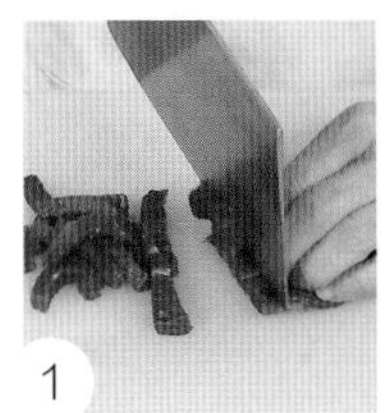
1

2

3

4

5

牙签肉

15分钟

2人份

材料

猪里脊肉	180克
白芝麻	8克
姜末	10克
洋葱丁	20克
香菜	适量

调料

水淀粉	3毫升
辣椒粉	8克
孜然粉	8克
辣椒油	适量
食用油	适量
盐	2克
鸡粉	2克
生抽	适量
料酒	适量

做法

① 洗净的猪里脊肉切丁，加入盐、鸡粉、生抽、料酒、辣椒粉、孜然粉、水淀粉、辣椒油，拌匀，腌渍10分钟。

② 将腌好的猪肉丁一一用牙签穿起，装盘。

③ 锅中注油烧热，放入牙签肉，炸2分半钟至八成熟，捞出，沥干油分。

④ 另起锅注油烧热，放入洋葱丁、姜末、白芝麻，炒香，放入牙签肉，炒数下，盛入装有香菜的盘中即可。

沙茶潮汕牛肉丸

13分钟

2人份

材料

生菜 220克
牛肉丸 350克
芹菜 4根

调料

沙茶酱 10克
蚝油 10克
辣椒酱 10克
食用油 适量

做法

① 牛肉丸对半切开，打上十字花刀；择去芹菜叶，留芹菜根，切碎；洗净的生菜摘成一片一片，叠放成圆形。

② 炒锅注油，倒入牛肉丸，炸黄捞出，放到铺好生菜的盘里。

③ 另起锅注入食用油，倒入辣椒酱，搅散，倒入沙茶酱、蚝油，拌匀。

④ 注入100毫升清水，煮沸，倒入芹菜粒拌匀，浇在牛肉丸上即可。

Tips 牛肉富含蛋白质和铁，铁是造血必需元素，所以多吃牛肉丸有助于补铁补血。

香辣烤鸡肉串

68分钟　2人份

材料

材料	用量
鸡腿肉	300克
红椒粒	20克
柠檬	1个

调料

盐	3克
辣椒粉	5克
鸡粉	3克
老抽	适量
食用油	适量

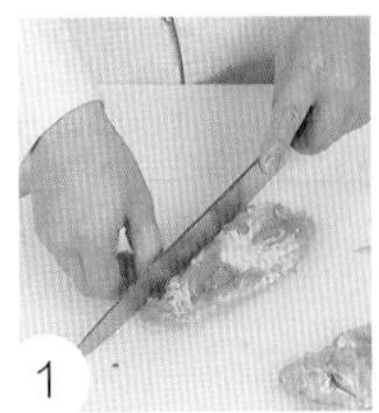

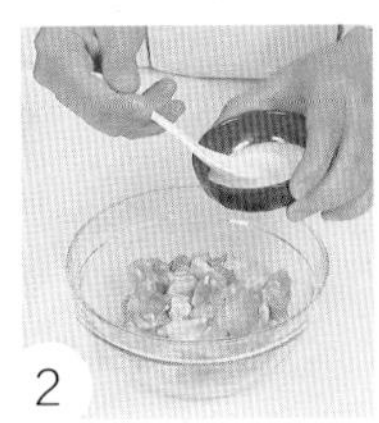

做法

① 柠檬对半切开；将洗净的鸡腿去骨、去皮，再切成小块，装入碗中。

② 撒入盐、鸡粉、辣椒粉、红椒粒、食用油，拌匀，腌渍1小时，至其入味，将腌好的鸡腿肉穿好。

③ 在烧烤架上刷食用油。

④ 放上鸡腿肉串，用中火烤3分钟至变色。

⑤ 翻面，刷上食用油，用中火烤3分钟至熟，装入盘中，挤上柠檬汁即可。

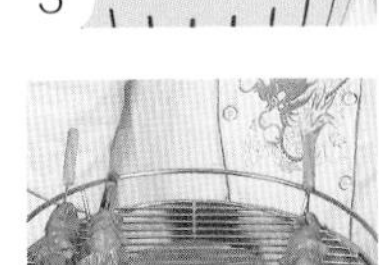

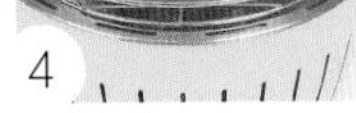

Tips　鸡肉含有维生素E、蛋白质、纤维素、脂肪、矿物质等成分，具有温中补脾、益气养血、增强免疫力等功效。

材料

鸡胸肉 250克
青椒 75克
红椒 35克
大葱白 适量

调料

盐 2克
鸡粉 3克
料酒 6毫升
胡椒粉 少许
食用油 适量
水淀粉 适量
老干妈辣椒酱20克

鸡肉中蛋白质的含量比例较高，而且种类多，消化率特别高，很容易被人体吸收利用，有增强免疫力、强壮身体的作用。

双椒酱鸡丝

8分钟 2人份

做法

① 洗净的青椒切丝；洗好的红椒切细丝；大葱白切段；洗好的鸡胸肉切丝。
② 把肉丝装入碗中，加入部分盐、料酒、水淀粉，搅拌匀，腌渍。
③ 用油起锅，倒入大葱白段，爆香，再放入鸡胸肉丝，炒匀，至其变色。
④ 淋入余下的料酒，炒出香味，倒入青椒丝、红椒丝，用大火炒至变软。
⑤ 加入余下的盐、鸡粉，撒上胡椒粉，放上老干妈酱，炒匀，装入盘中即成。

西红柿炖鸡肉

35分钟　2人份

做法

① 处理好的鸡肉切成块；洗净的大葱白切成段。

② 洗净的西红柿切成瓣，再切成块，待用。

③ 备好电饭锅，加入备好的鸡肉、西红柿。

④ 再放入姜片、盐、大葱白段，注入适量清水，拌匀。

⑤ 煮30分钟至食材熟透，撒入葱花，拌匀，盛入碗中，放上欧芹即可。

材料

鸡肉	300克
西红柿	70克
姜片	10克
大葱白	20克
葱花	5克
欧芹	适量

调料

盐	3克

Tips

鸡肉含有蛋白质、胡萝卜素、维生素、钙、磷、铁等营养成分，具有温中补脾、益气养血、补肾益精等功效。

红烧鸡块

13分钟　3人份

材料

鸡肉500克，生姜、蒜瓣、八角、大葱各适量

调料

盐3克，白糖30克，生抽、食用油各适量

做法

① 鸡肉斩块；大葱切滚刀块；生姜切成片；蒜瓣去皮，切片。

② 冷锅下油，放入少量清水、白糖，拌至焦黄，加入100毫升清水煮沸成糖色。

③ 热锅注油，爆香八角、姜片、大葱、蒜片，倒入鸡块，炒黄，淋入生抽、糖色，炒匀，加入盐，炒匀即可。

香辣宫保鸡丁

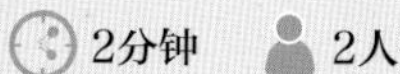

2分钟　2人份

材料

鸡胸肉250克，花生米、干辣椒各30克，黄瓜丁60克，葱段、姜片、蒜末各适量

调料

盐3克，陈醋、水淀粉各4毫升，生抽5毫升，辣椒油、食用油、生粉各适量

做法

① 鸡胸肉切丁，放入部分盐、生粉拌匀，入油锅滑油后捞出。

② 锅注油，爆香姜片、蒜末、干辣椒，放入鸡丁、黄瓜丁、花生米、葱段炒匀，加入生抽、余下的盐、陈醋、水淀粉、辣椒油炒匀即可。

香辣鸡心

6分钟 2人份

做法

① 洗净的胡萝卜切成块状，欧芹叶切碎。

② 锅中注清水烧开，倒入胡萝卜块、部分盐，煮至五成熟，捞出；洗净的鸡心倒入锅中，汆至五成熟，捞出。

③ 锅中注油烧热，爆香蒜末、姜末，倒入鸡心、料酒、生抽拌匀。

④ 加入辣椒粉、适量清水煮约2分钟，加入胡萝卜块拌匀，煮片刻，加入余下的盐调味，撒上欧芹碎即可。

材料

鸡心	100克
胡萝卜	200克
欧芹	少许
蒜末	适量
姜末	适量

调料

盐	3克
生抽	10毫升
料酒	8毫升
辣椒粉	适量
食用油	适量

Tips

鸡心含有脂肪、糖类、维生素A、视黄醇、钙、磷、钾、钠、镁等营养成分，具有保护心脏、预防干眼症、帮助身体功能恢复等功效。

材料

鸡肝	200克
苹果	180克
洋葱	50克
鼠尾草	少许
蒜末	适量
姜末	适量

调料

盐	3克
白胡椒粉	5克
黑胡椒粉	适量
橄榄油	10毫升
柠檬汁	10毫升
红葡萄酒	20毫升

Tips

鸡肝含有蛋白质、维生素A、B族维生素、钙、磷、铁、锌等营养物质，有滋补肝脏、保护视力的作用。

红酒烩鸡肝苹果

8分钟　2人份

做法

① 洗净的鸡肝切成片状；苹果洗净，去皮去核，切片；洗净的洋葱切丝。

② 烧热的锅中注入橄榄油烧热，放入蒜末、姜末爆香，放入鸡肝、苹果翻炒匀，加入柠檬汁、白胡椒粉入味。

③ 加入洋葱丝，倒入红葡萄酒煮至熟，加入盐、黑胡椒粉调味，装入盘中摆好，放上鼠尾草装饰即成。

桂林啤酒鸭

30分钟　4人份

做法

① 红椒斜刀切段；沸水锅中倒入鸭肉，汆至转色，捞出沥干水，待用。

② 热锅注入食用油，倒入草果、八角、花椒粒、姜片，炒香，倒入豆瓣酱、葱段，炒香。

③ 倒入鸭肉、腐乳，炒匀，加入生抽、红啤酒、200毫升的清水，煮30分钟。

④ 倒入红椒，炒匀，加入鸡粉、水淀粉拌匀即可。

材料

鸭肉	700克
红啤酒	200毫升
红椒	70克
草果	2个
八角	4个
花椒粒	5克
姜片	3克
葱段	3克

调料

豆瓣酱	30克
腐乳	30克
生抽	5毫升
鸡粉	3克
水淀粉	5毫升
食用油	适量

鸭肉含有蛋白质、B族维生素、维生素E等营养成分，可以养胃、补肾。

青梅汶鸭

35分钟　2人份

材料

鸭肉块	400克
土豆	160克
青梅	80克
洋葱	60克
香菜	适量

调料

盐	2克
番茄酱	适量
料酒	适量
食用油	适量

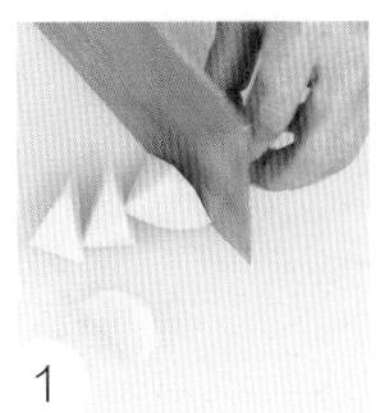
1

2

3

4

做法

① 洗净去皮的土豆切块；洋葱洗净切片；青梅去头尾。

② 锅中注入清水烧开，倒入洗净的鸭肉块，拌匀，加入料酒，拌匀，汆2分钟，汆去血渍，捞出。

③ 用油起锅，倒入鸭肉，炒匀，放入切好的洋葱，炒匀，加入番茄酱，炒香。

④ 注入清水，倒入青梅、土豆，加入盐，拌匀，煮30分钟，盛出，放上香菜即可。

Tips　将洋葱对半切开，放入凉水中泡一会儿再切，就不会刺激眼睛了。

生焖鸭

38分钟

2人份

材料

鸭肉块	270克
红椒	70克
姜片	少许
蒜头	40克
香菜	少许
葱段	少许

调料

盐	2克
鸡粉	2克
豆瓣酱	30克
老抽	5毫升
水淀粉	5毫升
食用油	适量

做法

① 洗净的蒜头对半切开；洗净的红椒去籽，切块，待用。

② 热锅注油烧热，倒入鸭肉块、姜片、蒜头、豆瓣酱、葱段，爆香。

③ 注入清水，撒上盐，大火煮开后转小火焖30分钟，倒入红椒。

④ 淋上老抽，加入鸡粉，炒匀入味，用水淀粉勾芡，盛入盘中，摆上香菜即可。

CHAPTER 04

极致鲜味搬上桌

鱼、虾、蟹、贝是大自然对我们的馈赠，
不管蒸、焖、炖、煮都令人难挡诱惑。
这个时候，如果再搭配上米饭，
用这样鲜嫩的美味下饭，
瞬间就可以“鲜掉眉毛”，米饭可就遭殃了！

酸菜鱼

25分钟 4人份

材料

草鱼	500克	香菜	2克
酸菜	200克	白芝麻	少许
生姜	2克	花椒	2克
泡小米椒	2克	大蒜	适量
葱段	3克	大葱	适量
泡灯笼椒	60克	蛋清	适量

调料

盐	3克
胡椒粉	6克
白糖	适量
食用油	适量
料酒	少许
生粉	适量
米醋	适量

做法

① 泡小米椒切成段；洗好的酸菜切成段；生姜切成菱形片；大蒜去皮，切成末。

② 鱼身对半片开，鱼骨与鱼肉分离，鱼骨斩成段，片开鱼腩骨，切段，鱼肉切薄片。

③ 鱼片中加入部分盐、料酒、生粉，拌匀，腌渍3分钟。

④ 热锅注油，放入姜片，爆香，放入鱼骨，炒至香，加入泡小米椒、葱段、酸菜，炒香，注入700毫升清水，煮沸，放入泡灯笼椒，续煮3分钟，盛出鱼骨和酸菜，汤底留锅中。

⑤ 将鱼片放入锅中，放入余下的盐、白糖、胡椒粉、米醋，煮至鱼肉微微卷起，捞入碗中，加入花椒、白芝麻、热油，放入香菜即可。

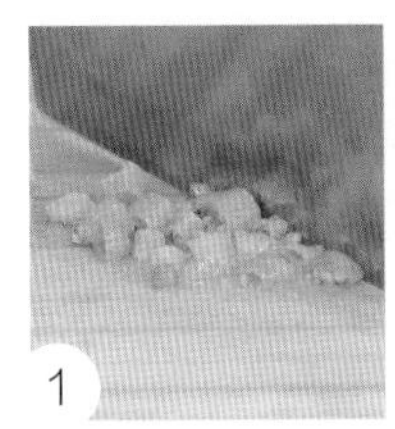
1

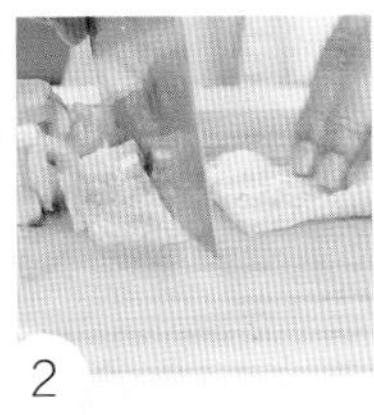
2

3

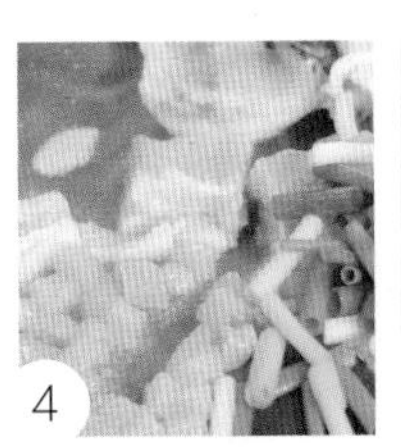
4

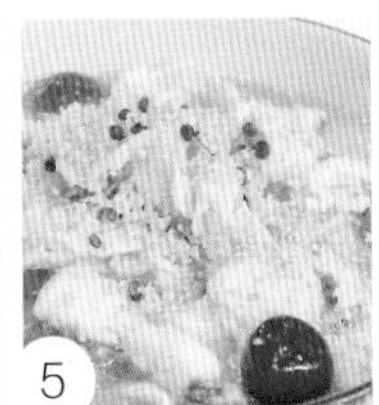
5

蒜烧武昌鱼

15分钟　3人份

材料

净武昌鱼650克，蒜瓣60克，香菜少许

调料

盐4克，生抽、陈醋各5毫升，黄豆酱25克，料酒、食用油各适量

做法

① 蒜瓣切去头尾，切两半；武昌鱼两面鱼身上划一字花刀，撒入部分盐、料酒腌渍。

② 热锅注油，放入武昌鱼，稍煎1分钟盛出；锅底留油，爆香蒜瓣，倒黄豆酱、余下的料酒、生抽、适量清水、武昌鱼，加入余下的盐、陈醋煮熟，放香菜即可。

黄河醋鱼

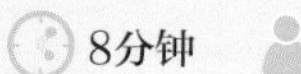

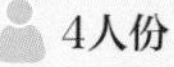

材料

净鲤鱼800克，八角、姜片、蒜末各少许

调料

盐4克，料酒、水淀粉各10毫升，生抽5毫升，陈醋8毫升，食用油适量

做法

① 净鲤鱼切成两半，打上一字花刀，切去鱼鳍，放入沸水锅中，倒入姜片、八角、部分盐、料酒煮5分钟捞出。

② 热锅注油烧热，爆香蒜末，注入少许清水，加入生抽、余下的盐、陈醋，拌匀，用水淀粉勾芡，浇到鲤鱼上即可。

蒜头鲶鱼

17分钟

3人份

材料

鲶鱼	750克
葱花	适量
蒜头	50克
姜片	适量
蒜末	少许
高汤	1000毫升

调料

豆瓣酱	10克
水淀粉	少许
辣椒油	适量
食用油	适量
盐	2克
白糖	2克
生抽	6毫升
料酒	6毫升

做法

① 在处理干净的鲶鱼背面等距切开且不切断，装盘。

② 用油起锅，爆香蒜头、姜片、蒜末、豆瓣酱，倒入高汤。

③ 放入鲶鱼，加入盐、白糖、生抽、料酒，焖12分钟，捞出鲶鱼，摆盘，放入煮软的蒜头。

④ 往汤汁中加入水淀粉，勾芡，淋入辣椒油，搅匀调味，制成微稠酱汁，浇在鲶鱼上，撒上葱花即可。

材料	
黄脚立鱼	200克
小葱	适量

调料	
生粉	5克
生抽	20毫升
椰子油	3毫升
料酒	3毫升

Tips

椰子油在23℃以下是固态，冬天可以先加热至液态再使用。

椰子油蒸鱼

22分钟　2人份

做法

① 取一部分小葱拦腰切成段，另外一部分小葱对折，切成细丝。

② 往处理好的黄脚立鱼两面淋上料酒，加入生粉，抹匀，腌渍10分钟。

③ 将腌渍好的黄脚立鱼放入蒸盘中，撒上葱段，浇上椰子油。

④ 电蒸锅注入清水烧开，放入黄脚立鱼，加盖，蒸10分钟，取出，撒上葱丝，浇上生抽即可食用。

酥炸糖醋鲈鱼

14分钟 2人份

做法

① 洗净的黄瓜切五连片花刀，再摆好造型；处理干净的鲈鱼两面划上一字花刀，两面撒上部分盐、料酒，涂抹匀，腌渍10分钟，再将备好的生粉均匀抹上。

② 热锅注油烧热，放入鲈鱼，搅拌炸至金黄色，捞出，装盘。

③ 热锅注油烧热，放入番茄酱、白糖、余下的盐，再加入白醋，注入适量清水，拌匀。

④ 倒入水淀粉，搅拌匀收汁，将制好酱汁浇在鲈鱼身上，摆上黄瓜，撒上备好的葱丝即可。

材料

鲈鱼	350克
黄瓜	40克
葱丝	少许

调料

盐	3克
白糖	3克
料酒	6毫升
白醋	6毫升
生粉	5克
番茄酱	20克
水淀粉	4毫升
食用油	适量

Tips

炸鱼的过程中可以用勺子舀起热油淋在鱼身上，这样可以炸得更均匀，口感更酥脆。

泰式青柠蒸鲈鱼

10分钟　1人份

材料

材料	用量
鲈鱼	200克
青柠檬	80克
蒜头	7克
青椒	7克
朝天椒	8克
香菜	少许

调料

盐	2克
鱼露	10毫升
香草浓浆	26毫升
食用油	适量

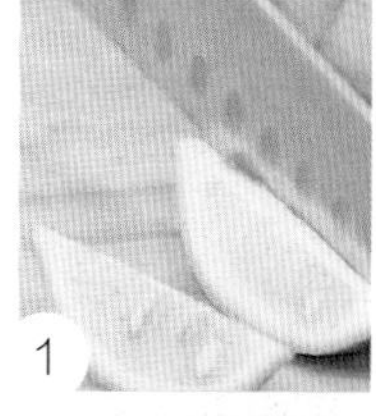

做法

① 将处理好的鲈鱼两面划上数道一字花刀，撒盐，装盘，腌渍；青柠檬切小瓣，挤出青柠汁。

② 洗净的朝天椒、青椒均去蒂，切成圈；洗净去皮的蒜头切成碎末。

③ 将装鱼的盘子放入烧开水的电蒸锅中，隔水蒸8分钟至熟。

④ 取碗，放入青椒、朝天椒、蒜末、青柠檬汁、香草浓浆、鱼露、香菜，拌匀，淋在鱼上。

⑤ 热锅注油，烧热，将热油浇在鱼身上，摆上装饰的青柠檬片即可。

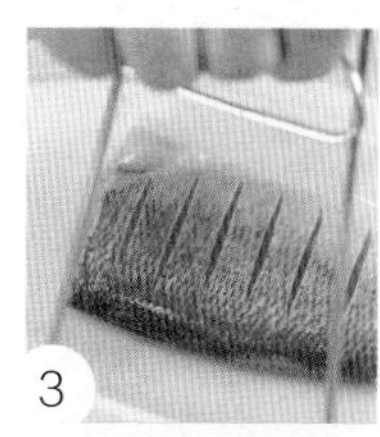

Tips　青柠檬最好选用泰国产的，涩味会淡一些。

材料

墨鱼	150克
秋刀鱼	130克
豆腐	100克
韩国泡菜	90克
香菇	50克
高汤	500毫升
朝天椒	1个
蒜末	少许

调料

椰子油	5毫升
盐	2克
韩式辣椒酱	10克

Tips

处理墨鱼时一定要将表面的膜撕干净，以免影响口感。

海鲜椰子油辣汤

10分钟　2人份

做法

① 将处理好的秋刀鱼切去头，切成段，去掉尾部；处理好的墨鱼切段。

② 洗净的香菇切去柄，切块；洗净的豆腐切块；洗净的朝天椒去柄，切圈。

③ 热锅注入高汤，煮沸，加入墨鱼、秋刀鱼、豆腐、韩国泡菜、香菇、朝天椒、蒜末，拌匀。

④ 大火再次煮开后，再转小火煮8分钟，倒入韩式辣椒酱、盐、椰子油，拌匀入味即可。

港式豉汁蒸鱼头

15分钟　2人份

做法

① 洗净处理好的鱼头，划一字花刀，两面撒上盐、芝麻油、胡椒粉，腌渍。

② 热锅注油烧热，放入姜末、蒜末，翻炒均匀，放入豆豉，爆炒出香味。

③ 将炒好的蒸鱼汁捞起，放入腌好的鱼肉中，将鱼放入蒸锅中，盖上盖子，大火蒸8分钟。

④ 时间到，将鱼取出，撒上朝天椒和葱花；另烧一大勺滚油，淋在葱花上即可。

材料

鱼头	450克
豆豉	30克
葱花	20克
姜末	30克
蒜末	30克
朝天椒	10克

调料

食用油	10毫升
盐	3克
芝麻油	8毫升
胡椒粉	3克

Tips

鱼头含有丰富的不饱和脂肪酸，它对人脑的发育尤为重要，可使大脑细胞异常活跃，还可延缓脑力衰退。

芝麻带鱼

18分钟 1人份

材料

带鱼	140克
熟芝麻	20克
姜片	少许
葱花	少许

调料

盐	3克
鸡粉	3克
生粉	7克
生抽	4毫升
水淀粉	适量
食用油	适量
辣椒油	适量
老抽	适量

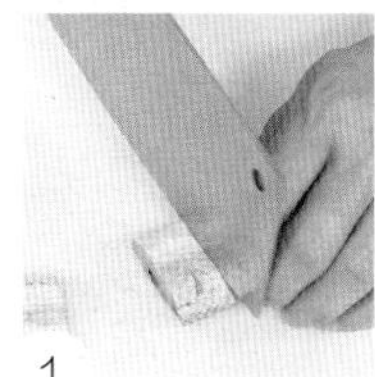

1

2

3

4

做法

① 用剪刀把处理干净的带鱼鳍剪去，再切成小块。

② 带鱼块装碗，放入姜片、部分盐、鸡粉、生抽、生粉，拌匀，腌渍15分钟至入味。

③ 热锅注油，放入带鱼炸至呈金黄色，捞出；锅留油，加清水、辣椒油、余下的盐、鸡粉、生抽，拌匀煮沸。

④ 倒入水淀粉、老抽，炒匀，放入带鱼块，炒匀，撒入葱花，炒香，盛出撒上熟芝麻即可。

带鱼含有蛋白质、脂肪、B族维生素、钙、磷、铁、镁、碘等成分，对心血管系统有很好的保护作用。

石锅泥鳅

8分钟

2人份

材料

泥鳅	300克
去籽红椒	40克
豌豆	50克
葱段	适量
姜片	少许
香菜	少许

调料

盐	3克
鸡粉	3克
白胡椒粉	3克
料酒	5毫升
生抽	5毫升
食用油	适量

做法

① 处理好的红椒切成条；热锅注油烧热，倒入泥鳅，油炸至酥脆，捞出，沥干油。

② 另起锅注油烧热，倒入葱段、姜片，爆香，倒入豌豆，注入200毫升的清水，拌匀。

③ 加入料酒、泥鳅，炒匀，加入生抽、盐，拌匀，煮5分钟。

④ 倒入红椒，加入鸡粉、白胡椒粉，拌入味，盛出，点缀上香菜即可。

干烧鳝段

10分钟

1人份

材料

鳝鱼肉	120克
水芹菜	20克
蒜薹	50克
泡红椒	20克
姜片	适量
葱段	适量
蒜末	少许
花椒	少许

调料

生抽	5毫升
料酒	4毫升
水淀粉	适量
豆瓣酱	适量
食用油	适量

做法

① 洗净的蒜薹切长段；洗好的水芹菜切成段；宰杀洗净的鳝鱼切花刀，用斜刀切成段。

② 锅中注入清水烧开，倒入鳝鱼段，拌匀，略煮一会儿，煮至变色，捞出，备用。

③ 用油起锅，爆香姜片、葱段、蒜末、花椒，放入鳝鱼段、泡红椒，炒匀。

④ 加入生抽、料酒、豆瓣酱、水芹菜、蒜薹、水淀粉，炒熟入味，盛出即可。

红烧鳝鱼

4分钟 2人份

材料

鳝鱼段450克，上海青、去皮胡萝卜片各50克，葱段、姜片、花椒各适量

调料

盐3克，料酒、生抽、水淀粉各5毫升，食用油适量

做法

① 沸水锅中放油、上海青，烫1分钟捞出。

② 热锅中注油，放入鳝鱼段，滑油捞出。

③ 起油锅，爆香花椒、姜片、葱段，下胡萝卜片、鳝鱼段、上海青，炒匀，加料酒、生抽、盐、水淀粉炒匀即可。

家庭小炒鱼

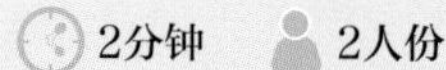

2分钟 2人份

材料

净鳝鱼50克，净鱿鱼60克，红椒条50克，香干30克，韭菜花25克，葱段4克

调料

盐2克，料酒、生抽各4毫升，食用油适量

做法

① 香干、鱿鱼、鳝鱼均切条。

② 沸水锅放入鳝鱼、鱿鱼，去杂质，再倒入香干，搅拌片刻，捞出。

③ 热锅注油，爆香葱段，放入鳝鱼、鱿鱼、香干、红椒、韭菜花炒匀，加入料酒、生抽、盐，炒入味即可。

彩椒烤鳕鱼

28分钟　2人份

做法

① 处理好的鳕鱼切块，撒上姜末、2克盐、2克黑胡椒粉，腌渍。

② 洗净的洋葱切丝；洗净的黄彩椒、红彩椒均去籽，切块。

③ 烤盘上铺上锡纸，刷上油，放入腌渍好的鳕鱼，以上下火200℃，烤15分钟。

④ 玻璃碗中放入洋葱丝、黄彩椒块、红椒彩块、1克盐、食用油、1克黑胡椒粉，搅拌均匀，铺在鳕鱼上，再放入烤箱，烤10分钟，取出，撒上葱花、欧芹碎、莳萝碎，挤上柠檬汁即可。

材料

鳕鱼	400克
红彩椒	80克
黄彩椒	155克
洋葱	90克
姜末	20克
葱花	20克
欧芹碎	适量
莳萝碎	适量

调料

盐	3克
黑胡椒粉	3克
柠檬汁	适量
食用油	适量

鳕鱼含有大量的蛋白质、钾、磷等营养成分，具有活血化瘀、促进骨骼和大脑发育的功能。

辣炒海味虾仁

5分钟

2人份

材料

虾仁	200克
净墨鱼	200克
净八爪鱼	150克
姜末	少许
蒜末	少许
香菜	少许

调料

盐	3克
料酒	10毫升
豆瓣酱	30克
食用油	适量

做法

① 处理好的墨鱼肉切成条。

② 锅中注入清水烧开，放入部分盐、料酒、墨鱼、八爪鱼汆水1分钟，倒入虾仁，汆至变色，捞出。

③ 锅中注油烧热，倒入姜末、蒜末，爆香，放入墨鱼、八爪鱼、虾仁，淋入余下的料酒，拌炒片刻。

④ 加入余下的盐、豆瓣酱，炒至入味，盛出，点缀上香菜即可。

鲜蔬烩海鲜

10分钟

2人份

材料

鳕鱼 130克
鲜虾 250克
青口 150克
黄瓜丁 少许
胡萝卜丁 少许
蒜末 少许

调料

盐 2克
韩式辣椒酱 10克
食用油 适量

做法

① 处理好的鳕鱼切成块；青口洗净处理好。

② 鲜虾去虾线、去壳，取虾仁。

③ 锅中注油烧热，爆香蒜末，放入虾仁、鳕鱼、青口，炒至虾仁转色。

④ 加入黄瓜丁、胡萝卜丁，注入少许清水，小火煮8分钟，倒入韩式辣椒酱，加入盐，充分拌匀入味，盛入碗中即可。

材料

新鲜大虾	150克
草菇	80克
姜片	30克
香茅草	10克
红辣椒	15克
欧芹	少许

调料

盐	2克
冬阴功酱	10克
白糖	8克
鱼露	5毫升
椰奶	50毫升
青柠檬汁	15毫升

Tips

虾含有蛋白质、脂肪、膳食纤维、胡萝卜素等成分，具有增强免疫力、养血固精等功效。

海鲜浓汤

55分钟 1人份

做法

① 大虾洗净，去壳，留虾尾，剔去虾线；草菇洗净，对半切开；香茅草、欧芹分别洗净，切碎。

② 汤锅置火上，注入适量的清水，放入香茅碎、姜片，煮20分钟，捞出渣子，留汤汁。

③ 将汤汁煮沸后，放入草菇、大虾、红辣椒，加入冬阴功酱、鱼露、青柠檬汁、盐、白糖，小火煮30分钟，至汤汁入味。

④ 倒入椰奶，拌匀，煮片刻，至椰奶溶入汤汁中，盛出，撒入欧芹碎即可。

泰式酸辣虾汤

10分钟　12人份

做法

① 洗净的茶树菇去根，切段；冬笋去皮、切块；洗净的西红柿去蒂，切块。

② 锅中倒入红薯丁，煮片刻至断生，捞出装碗。

③ 往榨汁杯中加入红薯丁、牛奶、泰式酸辣酱、部分盐，倒入红薯汤水，榨取汁水，倒入锅中。

④ 沸水锅中倒入处理好的基围虾、茶树菇、冬笋、西红柿、朝天椒圈、余下的盐，煮8分钟，加入黑胡椒粉、椰子油，拌匀入味，盛入碗中，放上香菜即可。

材料

基围虾 4只
西红柿 150克
冬笋 120克
茶树菇 60克
去皮红薯丁 60克
牛奶 100毫升
香菜 少许
朝天椒圈 1个

调料

泰式酸辣酱 30克
椰子油 5毫升
盐 2克
黑胡椒粉 3克

Tips

处理基围虾时，要将虾线去掉，这样更卫生。

干煸鱿鱼丝

8分钟　2人份

材料

鱿鱼	200克
猪肉	300克
青椒	30克
红椒	30克
蒜末	少许
干辣椒	少许
葱花	少许

调料

盐	3克
鸡粉	3克
料酒	8毫升
生抽	5毫升
辣椒油	5毫升
豆瓣酱	10克
食用油	适量

做法

① 猪肉煮熟切条；洗净的青椒、红椒均切成圈；处理好的鱿鱼切成条。

② 鱿鱼丝中放入部分盐、鸡粉、料酒，拌匀腌渍。

③ 沸水锅倒入鱿鱼丝，煮至变色，捞出。

④ 用油起锅，倒入猪肉条，炒香，淋入生抽，倒入干辣椒、蒜末，加入豆瓣酱，炒匀。

⑤ 加入红椒、青椒、鱿鱼丝，放入余下的盐、鸡粉、辣椒油，炒匀调味，再倒入葱花，快速翻炒均匀即可。

Tips　鱿鱼含有蛋白质、牛磺酸、钙、磷、铁、钾、硒、碘、锰、铜等营养元素，常食对骨骼发育和造血功能有利，还可缓解疲劳。

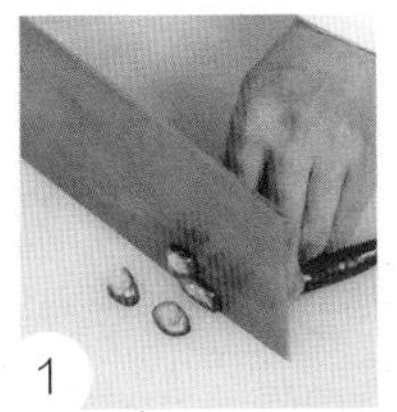
1

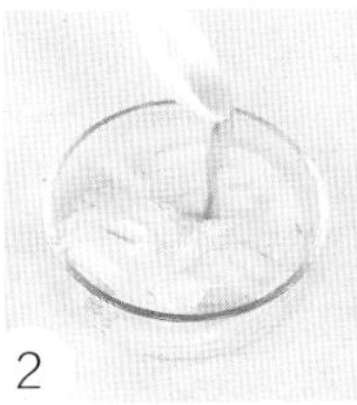
2

3

4

5

鲍汁扣鲜鱿

7分钟

1人份

材料

鱿鱼	190克
红椒	60克
香菜	20克

调料

盐	2克
鲍汁	40毫升
生抽	5毫升
水淀粉	适量
食用油	适量

做法

① 洗净的红椒切圈；洗好的香菜切段，待用。

② 锅中注入清水烧开，倒入鱿鱼，煮约3分钟，捞出；倒入红椒圈，煮至断生，捞出。

③ 将煮好的鱿鱼切成粗条；取一盘，倒入香菜，摆放上红椒圈、鱿鱼条。

④ 用油起锅，加入生抽，倒入鲍汁，注入适量清水，加入盐，倒入水淀粉，注入适量食用油，搅拌入味，浇在鱿鱼上即可。

扇贝肉炒芦笋

3分钟

1人份

材料

芦笋	95克
红椒	40克
扇贝肉	145克
红葱头	55克
蒜末	少许

调料

盐	2克
鸡粉	1克
胡椒粉	2克
水淀粉	5毫升
花椒油	5毫升
料酒	10毫升
食用油	适量

做法

① 洗净的芦笋斜刀切段；洗好的红椒切小丁；洗净的红葱头切片。

② 沸水锅中加入部分盐、食用油，倒入芦笋煮至断生，捞出；起油锅，炒香蒜末、红葱头。

③ 放入洗净的扇贝肉，炒匀，淋入料酒，炒匀，倒入芦笋、红椒丁，翻炒均匀。

④ 调入余下的盐、鸡粉、胡椒粉、水淀粉，炒匀，注入清水，煮至收汁，淋入花椒油，炒入味，盛出即可。

蒜蓉粉丝蒸扇贝

6分钟　2人份

材料

扇贝	6个
小葱	10克
大蒜	30克
生姜	20克
粉丝	60克
红椒	15克

调料

盐	3克
蒸鱼豉油	10毫升
食用油	适量

做法

① 粉丝浸泡3分钟；小葱切成葱花；去皮的生姜切成末；红椒去柄，切成末；大蒜去皮切碎；浸泡好的粉丝捞出，切成段。

② 扇贝洗净，用刀撬开，去掉脏污，用刀取肉，加适量的盐，拌匀腌渍，用水冲洗净。

③ 将洗净的扇贝壳摆放在备好的盘中，往每一个扇贝里面放上粉丝、扇贝肉。

④ 热锅注油，倒入姜末、蒜末爆香，倒入红椒末，炒匀，盖在每一个扇贝上。

⑤ 电蒸锅注入清水烧开，放上扇贝粉丝，加盖，蒸5分钟，取出，淋上蒸鱼豉油，撒上葱花即可。

Tips　买来的扇贝可以将其放入滴有芝麻油的清水中浸泡，让其吐尽泥沙。

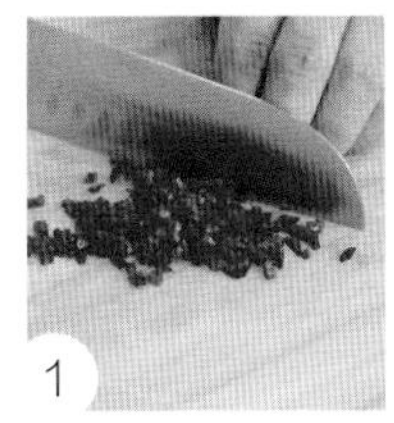
1

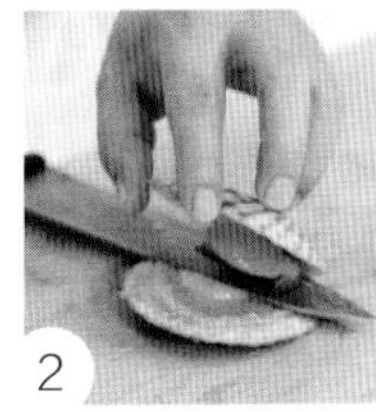
2

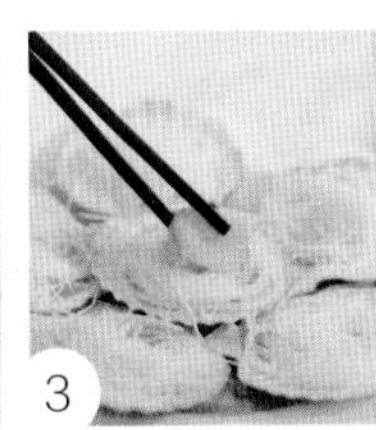
3

4

5

亚洲风味蛤仔芹菜

4分钟

1人份

材料

蛤蜊	200克
芹菜	60克
红彩椒	60克
高汤	100毫升
香菜	适量

调料

盐	少许
椰子油	4毫升
柠檬汁	少许
鱼酱	适量
黑胡椒粉	2克

做法

① 择洗好的芹菜切成小粒；洗净去籽的红彩椒切条，切成丁，待用。

② 热锅倒入椰子油烧热，加入适量清水，倒入高汤、柠檬汁、鱼酱，搅拌匀，煮沸。

③ 加入蛤蜊、芹菜、红彩椒，拌匀，煮至蛤蜊开口。

④ 加入盐，搅拌调味，关火后将煮好的汤盛入碗中，再洒上黑胡椒粉、香菜即可。

CHAPTER 05

越是碎就越入味

像外婆菜这样的细碎菜肴相信很多人都吃过，
一粒一粒的，每一粒都裹着浓浓的味汁，
非常入味，而且最适合拌饭吃，
混在碗中，只是看着就赏心悦目，
吃起来那就更加舒畅了！

材料

茄子	300克
肉末	30克
红椒圈	15克
青椒圈	15克
姜片	80克
葱花	15克
蒜末	少许
香菜叶	适量

调料

盐	3克
水淀粉	10毫升
豆瓣酱	30克
陈醋	5毫升
老抽	5毫升
料酒	4毫升
白糖	3克
生抽	5毫升
食用油	适量

鱼香茄子

5分钟　2人份

做法

① 去皮洗净的茄子去蒂，刮去外皮，切成丁；在一部分水淀粉中加入陈醋，制成酱汁。

② 热锅注油烧热，倒入茄丁，炸至金黄色，捞出；再倒入肉末，炒至转色，盛入碗中。

③ 锅底留油，爆香姜片、蒜末，倒入红椒圈、青椒圈、豆瓣酱，大火爆香。

④ 注入适量的清水、料酒、生抽，拌匀，倒入茄子丁，炒入味，再加入白糖、余下的水淀粉、肉末、老抽炒匀，撒上葱花，盛入碗中，点缀上香菜叶即可。

椒油笋丁

5分钟　1人份

做法

① 洗净去皮的莴笋切成长条，再切成丁；洗净的红椒去籽，再切成条，改切成丁。

② 锅中注入清水烧开，放入部分盐、少许食用油，倒入莴笋、红椒，煮约1分钟至其断生，捞出。

③ 用油起锅，倒入备好的花椒，炒出香味，倒入煮好的莴笋和红椒，翻炒均匀。

④ 淋入生抽，加入余下的盐、鸡粉、豆瓣酱，炒匀调味，倒入水淀粉，炒均匀，盛出，装入盘中即可。

材料

莴笋	120克
红椒	25克
花椒	10克

调料

盐	2克
鸡粉	2克
生抽	3毫升
豆瓣酱	6克
水淀粉	2毫升
食用油	适量

Tips

莴笋含有矿物质、维生素、微量元素，有刺激消化液分泌、促进胃肠蠕动等功效。

冬笋丝炒蕨菜

2分钟 1人份

材料

冬笋	100克
蕨菜	150克
红椒	20克
姜丝	适量
蒜末	少许
葱白	少许

调料

盐	3克
食用油	适量
豆瓣酱	适量
水淀粉	适量
鸡粉	少许
蚝油	少许

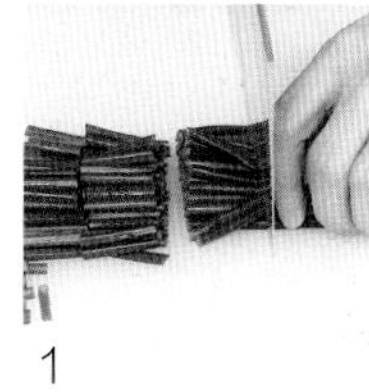
1

2

3

4

做法

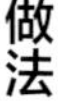

① 将洗净的蕨菜切成段；去皮洗好的冬笋切成丝；洗净的红椒切成丝。

② 锅中注入清水烧开，加入部分盐、少许食用油，拌匀，倒入蕨菜、冬笋，拌匀，煮沸后捞出。

③ 锅置旺火上，注油烧热，倒入姜丝、蒜末、葱白、红椒丝炒香，再倒入冬笋、蕨菜炒匀。

④ 加入余下的盐、鸡粉、豆瓣酱、蚝油炒匀，调至入味，用水淀粉勾芡即成。

Tips 焯好的蕨菜，放入凉水中浸泡半小时以上再炒制，可使蕨菜的口感滑润爽口。

油辣冬笋尖

2分钟

1人份

材料

冬笋	200克
青椒	25克
红椒	10克

调料

盐	2克
鸡粉	2克
辣椒油	6毫升
花椒油	5毫升
食用油	适量
水淀粉	少许

做法

① 洗净去皮的冬笋切成滚刀块；洗好的青椒、红椒均去籽，切块。

② 锅中注入清水烧开，加入1克盐、少许食用油、冬笋块，煮约1分钟，捞出。

③ 用油起锅，倒入冬笋块，翻炒匀，加入辣椒油、花椒油、1克盐、鸡粉，炒匀。

④ 倒入青椒、红椒，炒至断生，淋入水淀粉，炒入味即可。

糖炒菠萝藕丁

2分钟

1人份

材料

莲藕	100克
菠萝肉	150克
豌豆	30克
枸杞	适量
蒜末	少许
葱花	少许

调料

盐	2克
白糖	6克
番茄酱	25克
食用油	适量

做法

① 处理好的菠萝肉切成丁；洗净去皮的莲藕切成丁。

② 锅中注入清水烧开，加入少许食用油，倒入藕丁，放入盐，搅匀，煮半分钟。

③ 倒入洗净的豌豆，搅拌匀，加入菠萝丁，搅散，煮至断生，捞出，沥干水分。

④ 起油锅，爆香蒜末，加入煮好的藕丁、菠萝丁、豌豆，倒入白糖、番茄酱、枸杞、葱花，炒出葱香味，盛出即可。

材料

外婆菜	300克
青椒	1个
红椒	1个
朝天椒	少许
蒜末	少许

调料

盐	3克
鸡粉	3克
食用油	适量

Tips

切辣椒后手会产生灼热感，抹上一些白醋，可得到有效缓解。

湘西外婆菜

3分钟 2人份

做法

① 将洗净的朝天椒去蒂，切成圈；洗好的红椒切去头尾，切为小块。

② 洗净的青椒切开，去籽，再切条，改切成粒，备用。

③ 用油起锅，放入蒜末，炒香，放入朝天椒、青椒、红椒，炒香。

④ 倒入外婆菜，炒匀，放入盐、鸡粉，炒匀即可。

萝卜干炒杭椒

2分钟　2人份

做法

① 处理好的萝卜干切成粒；洗好的青椒去籽，切成粒。

② 锅中注入清水烧开，倒入萝卜干，煮1分钟，捞出，沥干水分。

③ 用油起锅，倒入蒜末、葱段、青椒粒，爆香，放入萝卜干，快速翻炒片刻。

④ 加入豆瓣酱，炒匀，加入盐、鸡粉，炒匀调味即可。

材料

萝卜干	200克
青椒	80克
蒜末	少许
葱段	少许

调料

盐	适量
鸡粉	2克
豆瓣酱	15克
食用油	适量

Tips

白萝卜所含热量较少，纤维素较多，吃后易产生饱胀感，这些都有助于减肥。

醋溜三丝

10分钟　2人份

材料

去皮土豆200克，去皮胡萝卜110克，青椒丝30克，姜丝4克

调料

盐3克，生抽、米醋各10毫升，番茄酱15克，食用油适量

做法

① 洗净的去皮土豆、胡萝卜均切成丝。

② 热锅注油烧热，放入姜丝，爆出香味，再放入胡萝卜丝、土豆丝炒匀。

③ 放入番茄酱、青椒丝、生抽、盐，翻炒均匀，放入米醋，炒出香味即可。

辣炒空心菜梗

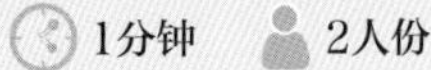

1分钟　2人份

材料

空心菜380克，红椒60克，蒜末少许

调料

盐、鸡粉各2克，老干妈辣椒酱30克，食用油适量

做法

① 择洗好的空心菜切成小段；洗净的红椒切开，去籽，切成小块。

② 热锅注油烧热，倒入蒜末、红椒块，爆香，加入老干妈辣椒酱，翻炒均匀。

③ 倒入空心菜，翻炒片刻至软，加入盐、鸡粉，翻炒调味即可。

鱼香金针菇

2分钟

1人份

材料

金针菇	120克
胡萝卜	150克
红椒	30克
青椒	30克
葱段	少许
姜片	适量
蒜末	适量

调料

盐	2克
鸡粉	2克
白糖	3克
豆瓣酱	15克
陈醋	10毫升
食用油	适量

做法

① 洗净去皮的胡萝卜切丝；洗好的青椒、红椒均切丝；洗好的金针菇切去老茎。

② 用油起锅，放入姜片、蒜末、葱段，倒入胡萝卜丝，翻炒匀。

③ 放入金针菇，加入切好的青椒、红椒，翻炒均匀。

④ 放入豆瓣酱、盐、鸡粉、白糖，炒匀，淋入陈醋，炒入味，盛出即可。

梅菜豌豆炒肉末

6分钟　2人份

材料

梅菜	150克
瘦肉	150克
豌豆	100克
红椒	10克
姜片	少许
葱段	少许

调料

盐	2克
鸡粉	3克
料酒	5毫升
豆瓣酱	10克
水淀粉	4毫升
食用油	适量

做法

① 洗净的梅菜切成丁；洗净的红椒对半切开、切粒；洗净的瘦肉剁成肉末。

② 锅中加清水烧开，加入部分盐和食用油，放入豌豆，煮1分钟，加入梅菜拌匀，再煮1分钟，捞出备用。

③ 用油起锅，倒入姜片爆香，倒入肉末炒至转色。

④ 放入备好的葱段和红椒，淋入料酒，炒香，放入梅菜和豌豆，炒匀。

⑤ 加入鸡粉、余下的盐，再加入豆瓣酱，炒匀调味，加入水淀粉，炒至入味即可。

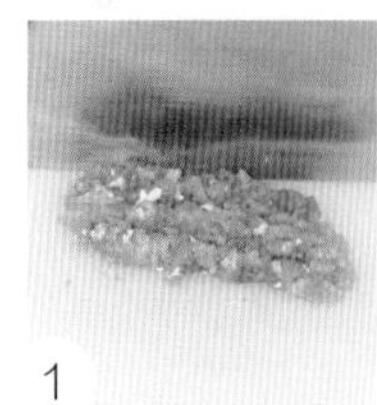
1

2

3

4

5

这道菜中因添加有豆瓣酱，所以不宜多放盐，以免菜品过咸。

材料

猪瘦肉	100克
洋葱	80克
榨菜头	100克
青椒粒	20克
红椒粒	15克
蒜末	少许

调料

盐	3克
鸡粉	2克
生抽	4毫升
料酒	4毫升
老抽	2毫升
水淀粉	2毫升
芝麻油	2毫升
食用油	适量

洋葱的辣味能抗寒，抵御流感病毒，有杀菌作用。

榨菜肉末

3分钟 1人份

做法

① 洗净的榨菜头切粒；去皮洗净的洋葱切粒；洗好的猪瘦肉剁成肉末。

② 锅中倒入清水烧开，放入榨菜粒，煮约1分钟，捞出备用。

③ 锅中倒油烧热，放入肉末，翻炒至转色，放入蒜末、生抽、料酒，炒香。

④ 放入青椒粒、红椒粒、洋葱粒、榨菜粒，炒匀。

⑤ 加入盐、鸡粉、老抽、芝麻油，炒匀上色，用水淀粉勾芡即可。

酸豆角肉末

3分钟　1人份

做法

① 将洗净的酸豆角切成丁；洗净的瘦肉剁成肉末。

② 锅中加清水烧开，倒入酸豆角、少许食用油，煮约1分钟后捞出。

③ 用油起锅，爆香蒜末、葱白、剁椒，倒入肉末炒成白色，加料酒炒匀。

④ 倒入酸豆角，翻炒约1分钟，加盐、味精、白糖、芝麻油炒匀调味，用水淀粉勾芡即可。

材料

酸豆角	200克
瘦肉	100克
剁椒	20克
葱白	少许
蒜末	少许

调料

盐	3克
味精	3克
白糖	3克
食用油	适量
芝麻油	适量
料酒	3毫升
水淀粉	10毫升

Tips

酸豆角煮好捞出后，可用清水清洗一下，以免酸味太重。

萝卜缨炒肉末

2分钟　1人份

材料

肉末	90克
萝卜缨	90克
胡萝卜	40克
蒜末	少许
葱段	少许

调料

盐	2克
鸡粉	2克
料酒	8毫升
水淀粉	4毫升
芝麻油	2毫升
食用油	适量

做法

① 洗好的萝卜缨切成粒；洗净去皮的胡萝卜切片，再切条，改切成粒，备用。

② 用油起锅，倒入肉末，炒至变色，放入蒜末、葱段，炒香，淋入料酒，翻炒匀。

③ 倒入胡萝卜、萝卜缨，炒至熟软，加入盐、鸡粉，炒匀调味。

④ 淋入水淀粉，翻炒均匀。

⑤ 倒入芝麻油，炒匀入味，关火后盛出锅中的食材，装入盘中即可。

萝卜缨切好后可放入沸水锅中焯一下，这样可去除萝卜缨的涩味，吃起来口感更佳。

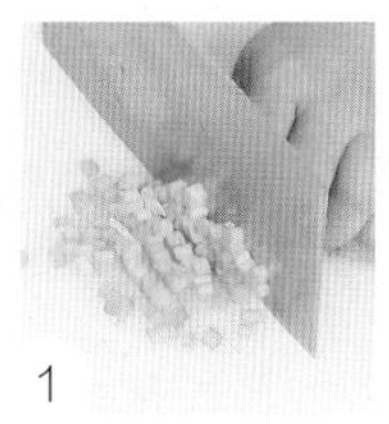
1

2

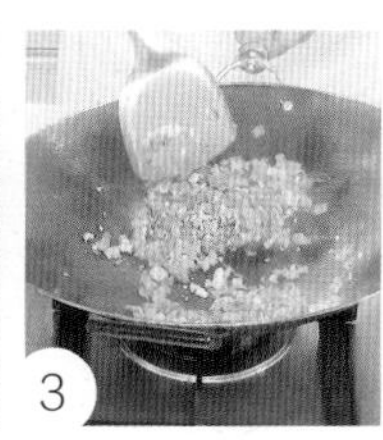
3

4

5

肉末芽菜煸豆角

8分钟　3人份

材料

肉末	300克
豆角	150克
芽菜	120克
红椒	20克
蒜末	少许

调料

盐	2克
鸡粉	2克
生抽	适量
豆瓣酱	10克
食用油	适量

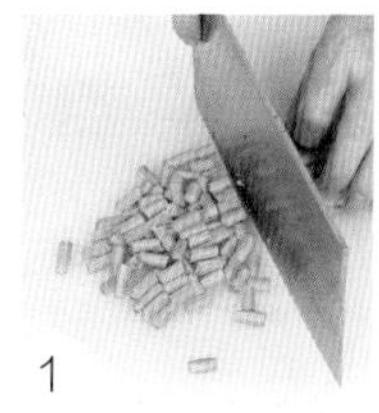
1

2

做法

① 洗净的豆角切成小段；洗好的红椒切开，再切粗丝，改切成小块。

② 锅中注入清水烧开，加入食用油、1克盐、豆角段，焯半分钟，捞出，沥干水分。

③ 用油起锅，倒入肉末，炒至变色，加入生抽、豆瓣酱、蒜末，炒匀。

④ 倒入焯好的豆角、红椒、芽菜，用中火炒匀，加入余下的盐、鸡粉，炒匀，盛出即可。

3

4

Tips　豆角含有蛋白质、B族维生素、维生素C、磷脂等营养成分，有理中益气的作用。

芽菜肉末炒春笋

4分钟

2人份

材料

春笋	250克
猪肉末	120克
芽菜	150克
姜片	适量
红椒末	适量
蒜末	少许
葱段	少许

调料

盐	2克
水淀粉	适量
食用油	适量
生抽	少许
料酒	少许

做法

① 将洗好的春笋切丁，锅中注入清水，加入部分盐和食用油烧热，倒入笋丁，烧开后捞出。

② 锅置旺火上，注油烧热，倒入猪肉末炒散，加入余下的盐、生抽、料酒，翻炒匀。

③ 倒入红椒末、蒜末、葱段、姜片、笋丁、洗好的芽菜，炒匀。

④ 加入水淀粉勾芡，将勾芡后的菜炒匀，盛入盘内即可。

芽菜碎米鸡

5分钟

2人份

材料

鸡胸肉	150克
芽菜	150克
葱末	少许
生姜末	适量
辣椒末	少许

调料

盐	2克
水淀粉	适量
味精	2克
白糖	适量
葱姜酒汁	少许
食用油	适量

做法

① 把洗净的鸡胸肉切丁，加入盐、葱姜酒汁、水淀粉拌匀。

② 锅中倒入少许清水烧开，倒入切好的芽菜，焯熟后捞出备用。

③ 热锅注油，倒入鸡丁翻炒3分钟，放入生姜末、辣椒末、部分葱末。

④ 倒入芽菜翻炒匀，加味精、白糖调味，撒入余下的葱末拌匀即成。

材料

鸡肉	200克
南瓜丁	300克
葱段	适量
蒜末	少许
姜片	适量

调料

盐	5克
鸡粉	3克
豆瓣酱	15克
水淀粉	8毫升
料酒	4毫升
食用油	适量

Tips

带皮的鸡肉含有较多的脂类物质，所以较肥的鸡应去掉鸡皮再烹制。

南瓜炒鸡丁

2分钟　3人份

做法

① 洗好的鸡肉切丁，加入3克盐、2克鸡粉、3毫升水淀粉、少许食用油，腌渍。

② 热锅注油烧热，放入南瓜丁，炸约半分钟，捞出备用。

③ 锅底留油，倒入鸡肉丁，炒至转色，下入姜片、蒜末、葱段，炒出香味。

④ 淋入料酒，放入南瓜丁，翻炒均匀，加入余下的盐、鸡粉、豆瓣酱，炒匀调味，用余下的水淀粉勾芡即可。

青椒豆豉炒鸡脆骨

5分钟　2人份

做法

① 洗净的青椒切成圈；洗净的红椒切成圈，待用。

② 热锅注油烧热，放入蒜片、葱花、姜片、豆豉，炒香，放入鸡脆骨，快速翻炒片刻。

③ 淋入料酒，炒香提鲜，倒入生抽，翻炒均匀。

④ 倒入青椒、红椒，翻炒均匀，加入盐、鸡粉，翻炒调味，装入盘中即可。

材料

鸡脆骨	300克
青椒	80克
红椒	15克
豆豉	10克
葱花	7克
姜片	5克
蒜片	7克

调料

盐	3克
鸡粉	3克
生抽	3毫升
料酒	适量
食用油	适量

Tips

鸡脆骨可以补钙，增加骨密度。除此之外它还含胶原蛋白，有延缓衰老的作用。

西芹拌鸡胗

8分钟 2人份

材料

鸡胗块180克，西芹段100克，红椒块、蒜末各少许

调料

料酒3毫升，盐3克，鸡粉2克，辣椒油4毫升，芝麻油、生抽、食用油各适量

做法

① 沸水锅中加入少许食用油、1克盐、西芹段、红椒块，煮熟后捞出；再淋入料酒，倒入鸡胗块，煮约5分钟，捞出。

② 西芹段和红椒块装碗，放入鸡胗块、蒜末、余下的盐、鸡粉、生抽、辣椒油、芝麻油拌匀即可。

菠萝炒鸭丁

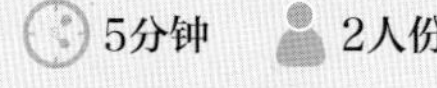

5分钟 2人份

材料

鸭肉块200克，菠萝丁180克，彩椒块50克，姜片、蒜末、葱段各少许

调料

盐4克，鸡粉2克，料酒6毫升，生抽8毫升，食用油适量

做法

① 鸭肉块加入4毫升生抽、3毫升料酒、1克盐、1克鸡粉、少许水淀粉、少许食用油腌渍3分钟。

② 起油锅，爆香姜片、蒜末、葱段，倒入鸭肉块、3毫升料酒、菠萝丁、彩椒块，加入余下的生抽、盐、鸡粉炒匀即可。

芹香鸭脯

6分钟

2人份

材料

鸭脯肉	300克
芹菜	150克
蒜末	少许
红椒	适量
姜末	适量

调料

盐	3克
鸡粉	3克
豆瓣酱	20克
生抽	3毫升
料酒	10毫升
辣椒油	5毫升
食用油	适量

做法

① 洗净的红椒切成圈；洗好的鸭脯肉切丁块；芹菜切小段。

② 鸭丁放入部分盐、鸡粉、生抽、料酒拌匀，腌渍。

③ 用油起锅，倒入红椒圈、芹菜爆香，放入鸭肉，炒出油，加入姜末、蒜末，炒香，放入豆瓣酱，翻炒均匀。

④ 放入余下的盐、鸡粉、辣椒油，炒匀，盛出，装入盘中即可。

双椒爆螺肉

4分钟　2人份

材料

田螺肉	250克
青椒	40克
红椒	40克
姜末	20克
蒜末	20克
葱末	少许

调料

盐	2克
料酒	3毫升
水淀粉	3毫升
辣椒油	5毫升
芝麻油	5毫升
胡椒粉	适量
食用油	适量

做法

① 青椒、红椒均去籽，切成片。

② 锅中注入清水烧开，放入田螺肉，汆水后捞出。

③ 用油起锅，倒入姜末、蒜末爆香。

④ 倒入田螺肉翻炒约2分钟至熟，放入青椒片、红椒片，炒匀。

⑤ 放入盐、料酒调味，加入水淀粉勾芡，淋入辣椒油、芝麻油、葱末、胡椒粉，拌炒均匀，出锅装盘即成。

Tips 螺肉要用清水彻底冲洗干净，烹制时料酒可以多放一些，成品的味道会更香浓。

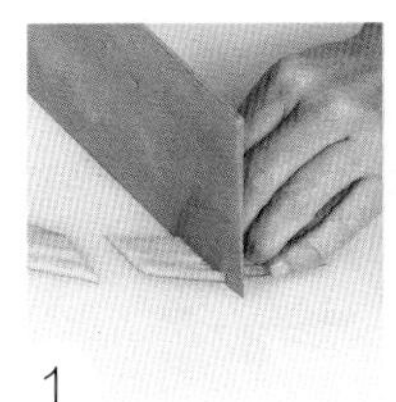
1

2

3

4

5

辣味虾皮

2分钟

1人份

材料

红椒	25克
青椒	50克
虾皮	35克
葱花	少许

调料

盐	2克
鸡粉	1克
辣椒油	6毫升
芝麻油	4毫升
陈醋	4毫升
生抽	5毫升

做法

① 洗好的青椒切段，再切开，去籽，切粗丝，改切成粒。

② 洗净的红椒切开，去籽，再切粗丝，改切成粒，装入盘中。

③ 取一个小碗，加入盐、鸡粉、辣椒油、芝麻油、陈醋、生抽，拌匀，调成味汁。

④ 另取一个大碗，倒入青椒、红椒、虾皮、葱花，倒入味汁，拌至食材入味即可。

CHAPTER 06

腌渍小菜最开胃

最实用的下饭菜莫过于腌渍小菜了。
一个小罐、一杯盐水造就的美味魔法，
是你佐餐下饭的最好选择。
一次可以制作很多，随取随用，
让你在不想做菜的时候偷偷懒！

白泡菜

13小时　2人份

材料

白菜	250克
雪梨	80克
苹果	70克
熟土豆片	80克
胡萝卜	75克
熟鸡胸肉	95克

调料

盐	适量

做法

① 熟鸡胸肉切碎；洗净去皮的胡萝卜切丝；洗净去皮的苹果、雪梨均切丝。

② 取一个碗，倒入白菜、部分盐，拌匀腌渍20分钟。

③ 备好榨汁机，倒入熟土豆片、鸡肉碎、适量凉开水，盖上盖，将食材打碎，制成鸡肉泥，倒入碗中。

④ 将腌渍好的白菜捞出，横刀切成片；把梨丝、胡萝卜丝、苹果丝倒入鸡肉泥中，拌匀，放入余下的盐，充分搅拌匀。

⑤ 取适量的食材放入白菜叶中，将白菜片卷起，将剩余的食材逐一制成白菜卷，放入碗中，用保鲜膜封好，腌渍12小时即可。

Tips　腌渍时最好将白泡菜放在阴凉干燥的地方，这样口感会更好。

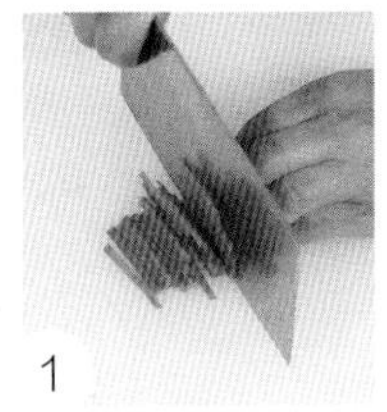
1

2

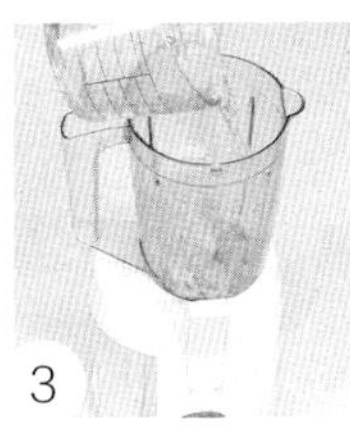
3

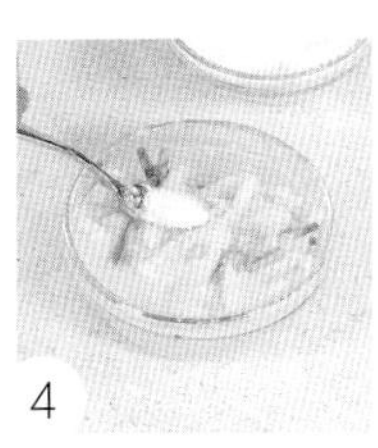
4

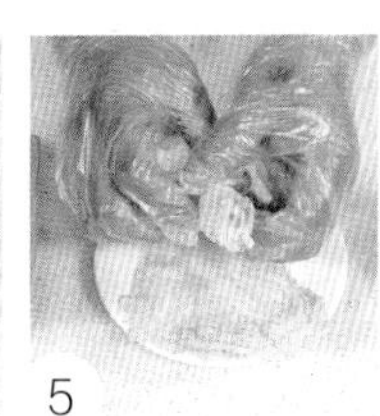
5

材料

大白菜	250克
红椒粒	适量
红椒末	20克
蒜梗末	10克
姜末	15克

调料

盐	15克
鸡粉	15克
辣椒粉	10克
辣椒面	10克
白糖	10克
粗盐	20克

白菜富含蛋白质及多种维生素，能润肠排毒。

韩式白菜泡菜

2天　2人份

做法

① 将洗净的大白菜切成四等分长条；将姜末、红椒末、蒜梗末拌匀，制成配料。

② 锅中注入清水烧开，倒入大白菜，煮约1分钟至熟软，捞出，加入粗盐，腌渍1天。

③ 锅中注入清水烧开，放入辣椒面、配料、辣椒粉、盐、白糖、鸡粉，拌匀制成泡汁。

④ 腌渍好的大白菜用清水洗净，盛入碗中，放入红椒粒和调好的泡汁，拌匀，在碗中腌渍1天（适温16～20℃），盛出装盘即可。

腌雪里蕻

8小时　2人份

做法

① 处理好的雪里蕻切成长段，待用。

② 将雪里蕻装入碗中，加入花椒、盐，拌匀，用手微微抓匀，使盐分进入菜中。

③ 取一个小瓶子，将雪里蕻放入瓶中。

④ 盖上瓶盖，密封腌渍8小时，取出倒入盘中即可。

材料

雪里蕻	250克
花椒	15克

调料

盐	适量

Tips

腌渍好的雪里蕻可以挤去水分再食用，以免太咸。

人参小泡菜

3天　3人份

材料

大白菜	500克
胡萝卜	200克
白萝卜	600克
黄瓜	200克
芹菜	70克
葱条	40克
蒜末	50克
人参须	10克

调料

盐	适量

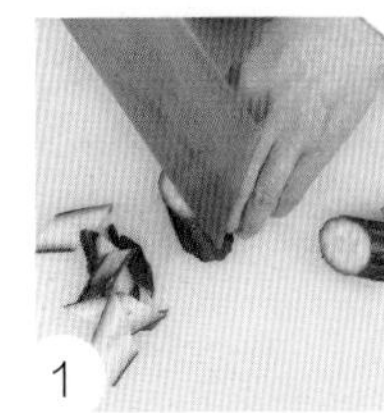
1

2

3

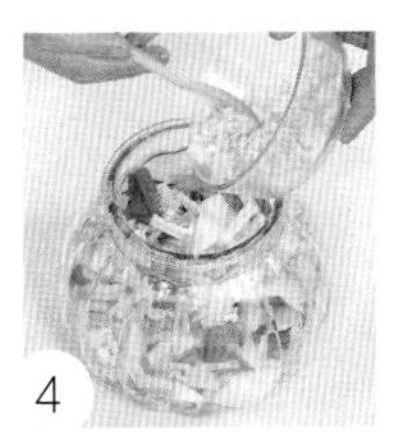
4

做法

① 洗净的芹菜切成段；洗好的葱条切成段；洗净的黄瓜切片；洗好去皮的白萝卜切成片；洗净的胡萝卜切成片；洗好的大白菜切块。

② 砂锅中注入清水烧开，放入人参须，煮约20分钟后放凉，制成人参汁。

③ 将大白菜、胡萝卜、白萝卜、黄瓜装入碗中，放入适量盐，腌渍约15分钟，装入玻璃罐中，再放入葱段、芹菜、余下的盐、蒜末。

④ 将人参汁倒入玻璃罐中，至没过食材，盖好玻璃罐，置于阴凉干燥处泡制约3天，揭开盖，取出泡好的食材即可。

玻璃罐一定要密封严实，以免食材变质。

材料

子姜	100克
葱花	少许

调料

盐	3克
鸡粉	3克
白糖	1克
豆瓣酱	20克
食用油	适量

Tips

子姜也可以用刀稍稍拍碎后切成小块，这样能更好地吸收酱汁。

酱香子姜

3分钟　1人份

做法

① 洗净的子姜修整齐，切粗条。

② 热锅注油，倒入豆瓣酱，稍炒一下。

③ 注入适量清水，加入鸡粉、白糖、盐，搅拌均匀。

④ 倒入葱花，搅匀，制成调味汁。

⑤ 取一空碟，倒入切好的子姜，淋上调味汁腌渍片刻即可。

柠檬黄瓜条

30分钟　2人份

做法

① 洗净的嫩黄瓜切成小段，再对半切开，切成条；1个柠檬切圆片，再对半切开。

② 在装有黄瓜条的碗中，放入盐、柠檬片、白糖、柠檬汁，搅拌均匀，腌渍5分钟。

③ 热锅注油烧热，加入蒜末、红椒丝，炒匀，倒入装有黄瓜的碗中，拌匀。

④ 倒入备好的盘中，静置20分钟，用胡萝卜摆盘即可。

材料

嫩黄瓜	1条
蒜末	10克
红椒丝	少许
柠檬	2个
胡萝卜片	适量

调料

盐	5克
白糖	9克
柠檬汁	少许
食用油	适量

Tips

无法一次性吃完的黄瓜要装入干净的瓶子或保鲜盒中，再放入冰箱冷藏，以防变质。

自制酱黄瓜

1天

2人份

材料

小黄瓜	200克
姜片	少许
蒜瓣	适量
八角	少许

调料

盐	5克
红糖	10克
白糖	2克
老抽	5毫升
食用油	适量

生抽、料酒各适量

做法

① 在洗净的小黄瓜上打上灯笼花刀；将黄瓜装入碗中，加入盐，抹匀，腌渍一天。

② 热锅注油烧热，倒入姜片、蒜瓣、八角，爆香，倒入备好的生抽，淋入料酒。

③ 再加入红糖、白糖、老抽，炒匀，盛出放凉，制成酱汁。

④ 将放凉的酱汁倒入黄瓜碗内，将黄瓜浸泡片刻即可食用。

Tips 给小黄瓜打花刀时用力要匀，以免切断。

风味萝卜

2天

1人份

材料

白萝卜	270克
泡椒	30克
蒜末	少许
红椒	适量

调料

盐	9克
鸡粉	2克
白糖	2克
生抽	4毫升
陈醋	6毫升
料酒	少许

做法

① 洗净去皮的白萝卜切滚刀块；泡椒切成细丝；洗净的红椒切成圈。

② 取一碗，倒入白萝卜、部分盐，腌渍1小时，取出后洗去多余的盐分。

③ 倒入蒜末、泡椒，加入余下的盐、鸡粉、白糖、生抽、陈醋、红椒，搅匀。

④ 取一罐，放入拌好的食材，加入料酒、纯净水，盖好盖，置于阴凉干燥处腌渍约2天即可。

Tips 切好的白萝卜可以放在阴凉处风干一会再腌渍，这样口感会更脆。

四川泡菜

1天　2人份

材料

材料	用量
白萝卜	150克
泡椒汁	150毫升
胡萝卜	80克
豆角	150克
红椒圈	20克
青椒圈	20克
泡椒碎	30克
蒜头	5克
八角	1个

调料

调料	用量
盐	15克
白糖	少许

做法

① 将去皮洗净的胡萝卜、白萝卜均切成厚片，再切条，改切成段；豆角洗净，切段。

② 锅中加适量清水烧热，倒入胡萝卜和白萝卜，焯约1分钟至熟，捞出，装入碗中。

③ 再倒入豆角，煮至断生，捞出。

④ 把豆角装入碗中，放入少许盐，腌渍片刻。

⑤ 另取一碗，放入白萝卜、胡萝卜、豆角、蒜头、泡椒碎、青椒圈、红椒圈、泡椒汁、八角、200毫升的温水、余下的盐、白糖，搅拌匀，连汤汁一起盛入玻璃罐中，压紧压实，加盖密封，置于阴凉处浸泡1天（适合温度18~23℃）即可。

制作此泡菜时，刀工很关键，萝卜块的大小要适中，小了不够爽脆，太大不易入味。

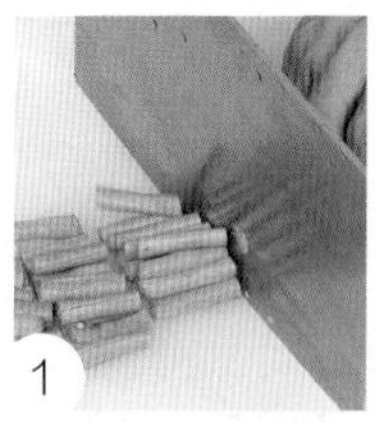
1

2

3

4

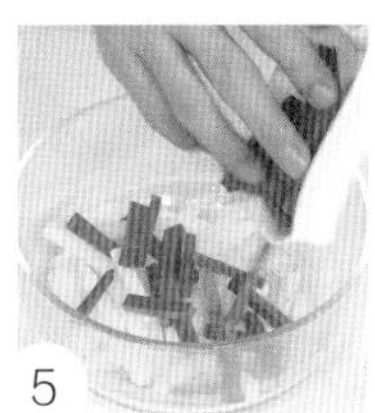
5

酱笋条

5分钟

1人份

材料

去皮冬笋	140克
米酒	50毫升
葱花	少许

调料

白糖	2克
豆瓣酱	20克

做法

① 洗净的冬笋切厚片，切小条。

② 沸水锅中倒入切好的冬笋，煮3分钟至去除苦涩味，捞出。

③ 往米酒碗中加入豆瓣酱，放入白糖，拌匀成调味汁，加入葱花。

④ 将调味汁浇在煮好的冬笋上，拌匀即可。

Tips 冬笋拌入酱汁以后可放入冰箱冷藏30分钟，这样笋条会变得更可口开胃。

黄豆芽泡菜

1天

1人份

材料

黄豆芽	100克
大蒜	25克
韭菜	50克
葱条	15克
朝天椒	15克

调料

盐	适量
白醋	适量
白酒	50毫升
白糖	适量

做法

① 葱条洗净，切成段；朝天椒洗净，拍破；韭菜洗净，切段；大蒜洗净，拍破。

② 黄豆芽装入碗中，加入盐拌匀，再用清水洗干净。

③ 玻璃罐倒入白酒，加温水，再加入盐、白醋，拌匀，再加入白糖，拌匀，放入朝天椒、大蒜、黄豆芽、韭菜、葱段。

④ 加盖密封，置于16～18℃的室温下泡制一天一夜，夹入盘内即可食用。

黄墩湖辣豆

1天　1人份

材料

水发黄豆	500克
剁椒	30克
白酒	适量
蒜末	适量

调料

盐	少许

做法

① 锅中注入清水，用大火烧开，放入水发黄豆，煮熟后捞出。

② 将煮好的黄豆放入碗中，淋上白酒，封上保鲜膜，静置片刻。

③ 撕开保鲜膜，放入剁椒、盐、蒜末，拌匀。

④ 再连汁水一起转入玻璃罐中。

⑤ 盖紧瓶盖，密封保存1天。

Tips 黄豆含有蛋白质、纤维素、钙、磷、镁、钾、烟酸等成分，具有美白护肤、开胃消食、增强免疫力等功效。

1

2

3

4

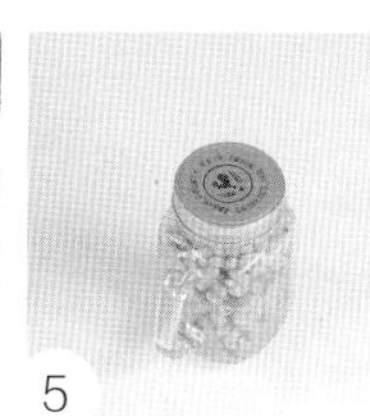
5

材料

秋葵	250克
姜丝	少许

调料

盐	2克
老抽	适量

Tips

秋葵含有蛋白质、糖类、膳食纤维及多种维生素和矿物质，具有防癌抗癌、美容养颜等作用。

酱油渍秋葵

25分钟 1人份

做法

① 秋葵洗净，去除蒂部。

② 锅中注入清水烧开，放入秋葵，煮至断生，捞出。

③ 碗中放入秋葵、姜丝、盐、老抽，拌匀，封上保鲜膜，静置20分钟。

④ 将腌渍好的秋葵装入盘中即可。

酸甜西瓜翠衣

22分钟 2人份

做法

① 洗净的西瓜翠衣切去多余的瓜瓤，再将翠衣切成粗条，备用。

② 取一碗，倒入橙汁，加入酸奶，放入白糖，倒入南瓜籽油，拌匀，制成调味汁。

③ 将调味汁倒入切好的翠衣中，拌匀，腌渍20分钟至入味。

④ 夹出腌好的西瓜翠衣，整齐摆放在碟中，浇上调味汁即可。

材料

西瓜翠衣	200克
酸奶	60克
橙汁	100毫升

调料

南瓜籽油	5毫升
白糖	2克

Tips

酸奶含有人体营养所必须的多种维生素，有促进胃液分泌、提高食欲、促进和加强消化的功效。

泡椒凤爪

135分钟 3人份

材料

材料	用量
鸡爪	500克
生姜	17克
小葱	13克
朝天椒	8克
花椒	2克
蒜瓣	15克
泡小米椒	142克

调料

盐	3克
料酒	3毫升
米酒	20毫升
白醋	3毫升
生抽	少许
白糖	10克

做法

① 蒜瓣拍开，去皮；朝天椒去蒂，切圈；小葱切段；生姜去皮切成片。

② 把蒜瓣、朝天椒、葱段放入碗中即成配料；鸡爪去指尖，切成两半，用清水浸泡1个小时。

③ 取一碗，放入生抽、400毫升凉开水、泡小米椒、米酒、白醋、花椒、盐、白糖，制成泡椒汁。

④ 鸡爪放入沸水锅中，注入料酒，煮10分钟至熟透，捞起放入碗中，注入凉水冲洗油脂。

⑤ 沥干水后放入泡椒汁中，放入配料，封上保鲜膜，浸泡1个小时至入味即可享用。

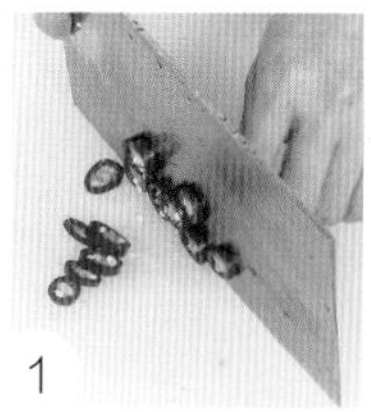

1

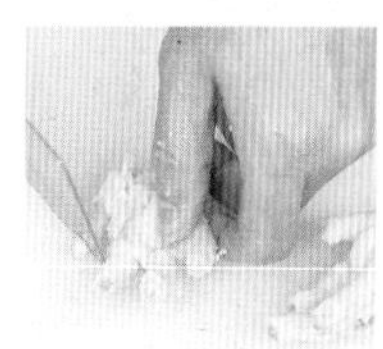

2

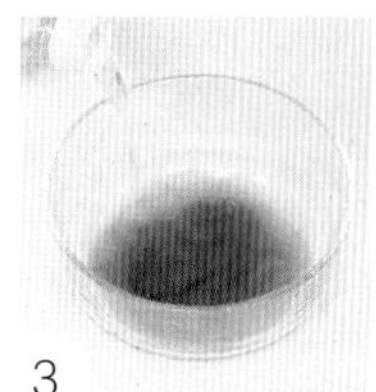

3

4

5

Tips 浸泡鸡爪的泡椒汁应没过鸡爪，这样鸡爪才能完全吸收酸、咸、辣味。

潮式腌虾

3小时

1人份

材料

濑尿虾	200克
香菜	少许
干辣椒	适量
姜末	适量
蒜末	适量
葱花	适量

调料

盐	2克
鸡粉	2克
料酒	4毫升
生抽	6毫升
白糖	2克
陈醋	4毫升
红油	3毫升

做法

① 将濑尿虾处理干净，放入碗中。往虾碗中放入干辣椒、姜末、蒜末、葱花。

② 再加入香菜，放入盐、鸡粉、料酒、生抽、白糖。

③ 再淋入陈醋、红油，搅拌片刻。

④ 封上保鲜膜，静置腌渍3个小时至入味即可。